城乡生态环境

高分遥感监测技术与应用图集

赵少华　王　桥　王　玉 / 著

中国环境出版集团 · 北京

图书在版编目（CIP）数据

城乡生态环境高分遥感监测技术与应用图集/赵少华等著. —北京：中国环境出版集团，2021.12
ISBN 978-7-5111-4744-8

Ⅰ. ①城… Ⅱ. ①赵… Ⅲ. ①环境遥感—应用—生态环境—环境监测—中国 Ⅳ. ①X835

中国版本图书馆 CIP 数据核字（2021）第 116723 号

审图号：GS 京（2022）0017 号

出 版 人 武德凯
责任编辑 丁莞歆
责任校对 任 丽
封面设计 宋 瑞

出版发行 中国环境出版集团
（100062 北京市东城区广渠门内大街 16 号）
网 址：http://www.cesp.com.cn
电子邮箱：bjgl@cesp.com.cn
联系电话：010-67112765（编辑管理部）
010-67147349（第四分社）
发行热线：010-67125803，010-67113405（传真）
印 刷 北京中科印刷有限公司
经 销 各地新华书店
版 次 2021 年 12 月第 1 版
印 次 2021 年 12 月第 1 次印刷
开 本 880×1230 1/16
印 张 8.75
字 数 158 千字
定 价 86.00 元

序

2017年，科技部启动了国家重点研发计划“地球观测与导航”重点专项“城乡生态环境综合监测空间信息服务及应用示范”项目，其目标是面对我国新常态经济模式下城市健康可持续发展和新型城镇化与经济转型升级对“城—镇—乡—村”一体化资源规划、生态安全、环境保护的迫切需求，开展城镇生态资源、水体水质、污染气体、污染土壤等高分遥感与地面观测协同的动态监测技术研究；突破城镇区域污染物传输通道及通风廊道监测、城市热岛监测、城镇河网黑臭水体监测、村镇土壤污染监测、城镇森林等生态资源规划及重点生态功能区遥感监测与评估等关键技术，开展城镇一体化综合应用示范，为国家环境治理、政府管理决策和生态文明建设提供重要的技术支撑。

该项目负责人为王桥院士，研究周期为2017年7月至2021年6月，共在城镇污染气体、水体水质、生态资源、空间信息服务平台、技术集成和应用示范方面设置了5个课题。目前该项目已构建完成了城镇污染气体、水体水质、生态资源等方面的综合监测技术体系、指标体系、标准规范、应用方案等，攻克了一系列城乡生态环境高分遥感与地面观测协同监测关键技术，研发了综合监测空间信息服务平台，在京津冀重点城市群等典型城镇区域开展了颗粒物、臭氧、黑臭水体、城市热岛、生态资源的长时间序列应用示范，在生态环境、住房和城乡建设等领域发挥了显著作用。

本图集中，第2章的图主要由中国科学院空天信息创新研究院研究员陈良富、武汉大学教授陈晓玲等所带领的团队提供，第 3 章的图主要由南京师范大学教授李云梅、中国科学院空天信息创新研究院研究员孟庆岩等所带领的团队提供，第 4 章的图主要由中国城市规划设计研究院正高级工程师季珏、北京大学教授秦其明等所带领的团队提供，第 5 章的图主要由北京吉威数源信息技术有限公司总经理张扬所带领的团队提供。本图集展现的成果是在生态环境部和科学技术部等相关部门的指导与帮助下完成的，项目组相关团队均为本图集内容的完成作出了重要贡献，在此一并向他们致以衷心的感谢！由于时间和水平所限，不足之处恳请专家和读者批评指正！

作　者

2021 年 4 月

目　录

1

项目概述

1.1 研究目标

我国城乡环境污染、生态破坏的形势严峻，环境管理任务十分繁重，现有以定点采样为主的地面环境监测已不能满足新常态经济模式下城市健康可持续发展和新型城镇化与经济转型升级对“城—镇—乡—村”一体化资源规划、生态安全、环境保护的需求，国家迫切需要开展高分辨率遥感（以下简称高分遥感）与地面观测协同的生态环境动态监测，实现对城乡生态环境变化的大范围、连续性、精细化监测，为我国污染防治和生态文明建设提供全方位的生态环境综合监测空间信息服务。“城乡生态环境综合监测空间信息服务及应用示范”项目紧密围绕国家重大需求，突破了高分遥感与地面观测协同的城乡生态环境动态监测关键技术，建立了城乡生态环境综合监测信息服务技术体系、标准规范体系、产品体系、示范体系，形成了我国城乡生态环境综合监测空间信息服务能力与技术基础。该项目面向新时期资源规划、生态安全和环境保护的迫切需求，开展了城镇污染气体、水体水质、生态资源等高分遥感与地面观测协同监测技术研究，突破了城镇区域污染物传输通道及通风廊道、城市热岛、城镇河网黑臭水体、村镇土壤污染、城镇森林、重点生态功能区等遥感监测与评估关键技术，建立了覆盖城镇生态资源、水体水质、污染气体、污染土壤等要素的城乡生态环境综合监测技术体系、指标体系和标准规范，开发了城乡生态环境综合监测空间信息服务平台，并在生态环境、住房和城乡建设等领域开展了城镇一体化综合应用示范，以业务化的形式提供了 32 种以上的在线服务专题产品，满足了项目指南考核指标和我国城乡生态环境综合监测的要求，为国家环境治理、政府管理决策和生态文明建设提供了重要的技术支撑。

1.2 研究内容

该项目针对我国新时期资源规划、生态安全和环境保护的迫切需求，研究了城镇污染气体、水体水质、生态资源高分遥感与地面观测协同监测关键技术，开发了城乡生态环境综合监测空间信息服务平台，构建了我国城乡生态环境综合监测的技术体系、指标体系、标准规范体系、产品体系、示范体系，开展了城乡生态环境综合监测技术集成与应用示范，形成了我国城乡生态环境综合监测空间信息服务能力与技术基础。

该项目主要研究内容包含以下5个方面：

①城镇污染气体高分遥感与地面观测协同监测关键技术研究；

②城镇水体水质高分遥感与地面观测协同监测关键技术研究；

③城镇生态资源高分遥感与地面观测协同监测关键技术研究；

④城乡生态环境综合监测空间信息服务平台研发；

⑤城乡生态环境综合监测技术集成与应用示范。

项目研究的技术框架如下图所示。

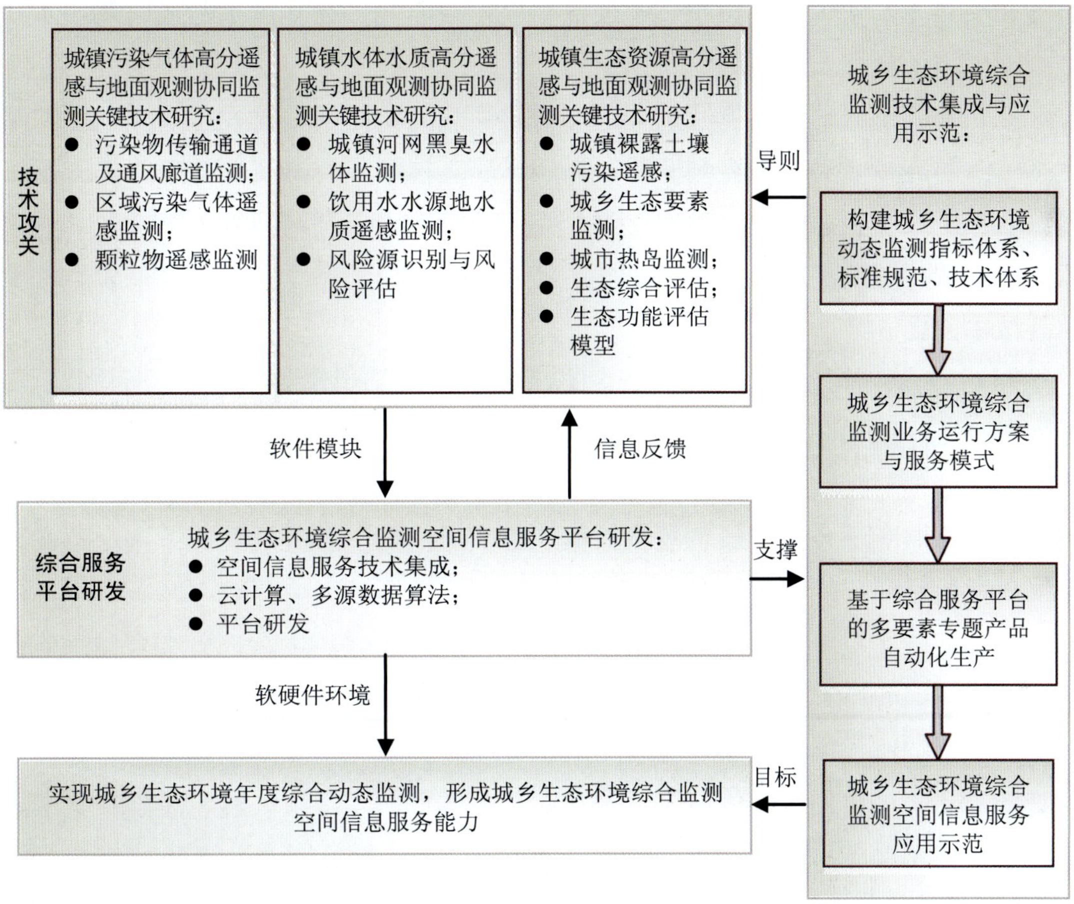

1.3 研究成果

一是突破了高分遥感与地面观测协同的城镇污染气体与颗粒物（PM）动态监测关键技术、京津冀大气污染传输和通风廊道模拟关键技术，研发了城镇污染气体高分遥感监测分系统，将卫星反演二氧化氮（NO_2）、二氧化硫（SO_2）垂直柱浓度的精度提高至 70%以上，实现了城镇污染气体高精度综合监测，揭示了京津冀及北京城区通风廊道的规律，为大气污染防治与环境监管奠定了新型技术基础。

二是突破了高分遥感与地面观测协同的城镇水体水质动态监测关键技术，解决了现有遥感反演算法无法适用于城镇黑臭水体和饮用水水源这两类特殊光谱特征水体的难题，研发了城镇水体水质高分遥感监测分系统，将城镇黑臭水体遥感识别精度提高到 70%以上、水质参数遥感估算与饮用水水源地风险源提取精度提高到 85%以上，实现了城镇水体水质高精度综合监测，为我国水污染防治、水环境监管奠定了新型技术基础。

三是突破了城镇生态资源高分遥感与地面观测协同的关键技术，实现了城镇生态资源的高精度提取和监测评估，拓展了遥感技术在生态资源管理中的应用，重点解决了城镇生态资源监测的要素分类、城镇地表温度高精度遥感反演、城镇园林绿地智能识别和分类、裸露土壤污染遥感识别、生态系统服务功能参数本地化等技术问题。

四是突破了分布式遥感大数据存储管理、开放式遥感数据实时处理与监测产品生产、“云+端”的遥感监测空间信息服务构建等关键技术，解决了大数据存储、产品实时处理与在线生产、多用户快速访问等难题，研发了城乡生态环境综合监测空间信息服务平台，打通了监测数据—模型—产品—服务的集成链路，形成了数据获取后空间分辨率亚米至百米应急监测产品的小时级响应能力。

五是突破了卫星遥感与行业地面数据时空匹配、城乡生态环境综合监测业务运行模式与服务模式设计、城乡生态环境综合监测技术集成与一体化业务应用等关键技术，解决了城乡生态环境监测缺乏行业数据耦合、技术体系缺失、业务化水平低等问题，建立了覆盖城镇生态资源、水体水质、污染气体、污染土壤等要素的技术体系、产品体系、指标体系和标准规范，形成了城乡生态环境综合监测空间信息服务能力。

2

城镇污染气体高分遥感与地面观测协同监测

2.1 气溶胶、颗粒物污染遥感监测

2019 年 9 月 28 日基于高分一号卫星数据的京津冀气溶胶光学厚度分布

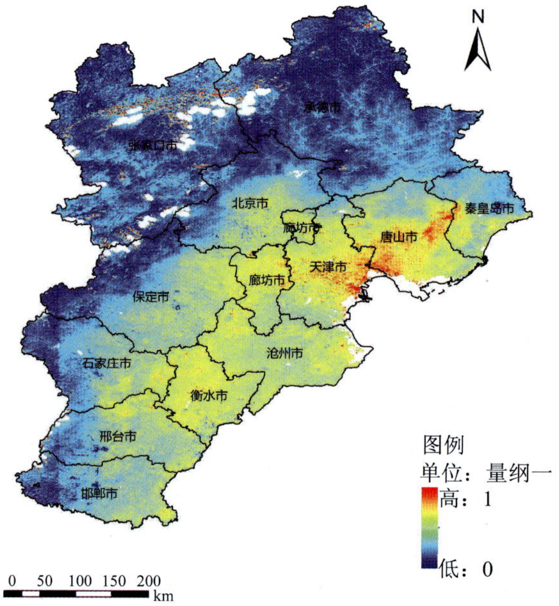

2020 年 3 月基于高分五号卫星 DPC * 传感器数据的京津冀气溶胶光学厚度分布

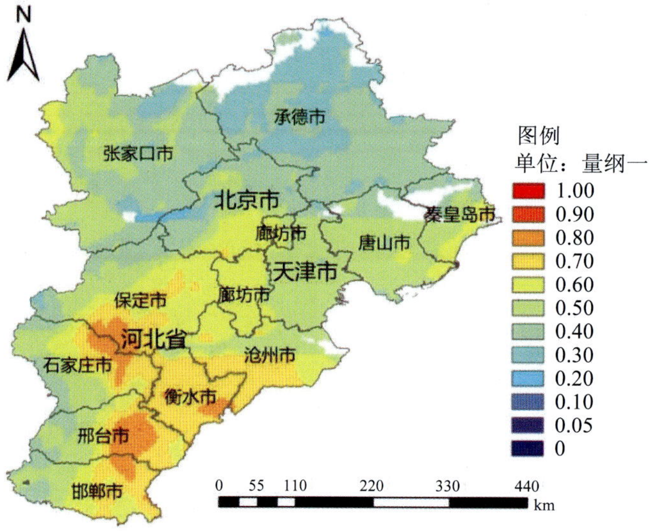

* DPC 是 Directional Polarimetric Camera 的缩写，即大气气溶胶多角度偏振探测仪。

2020 年 4 月 4 日基于高分五号卫星 DPC 传感器数据的京津冀 $PM_{2.5}$、PM_{10} 浓度分布

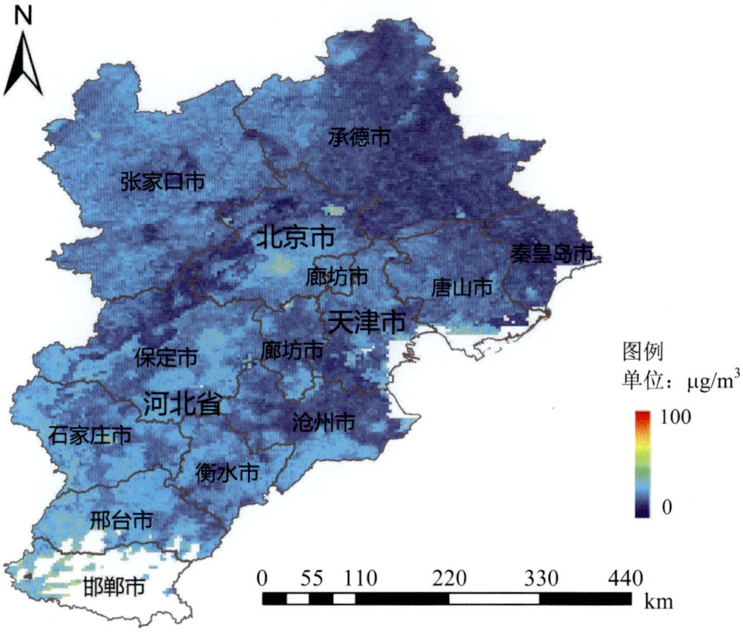

（a）$PM_{2.5}$

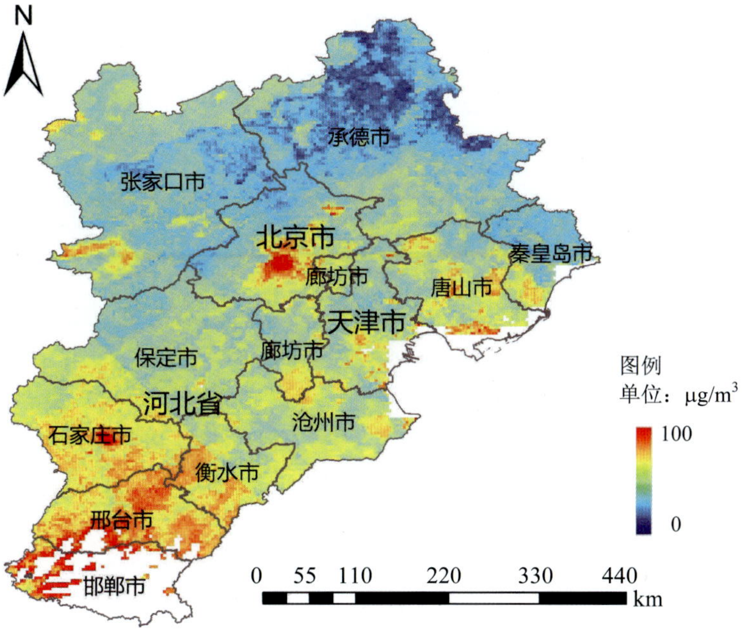

（b）PM_{10}

2015—2020 年基于 MODIS *数据的“2+26”城市 $PM_{2.5}$ 空间分布

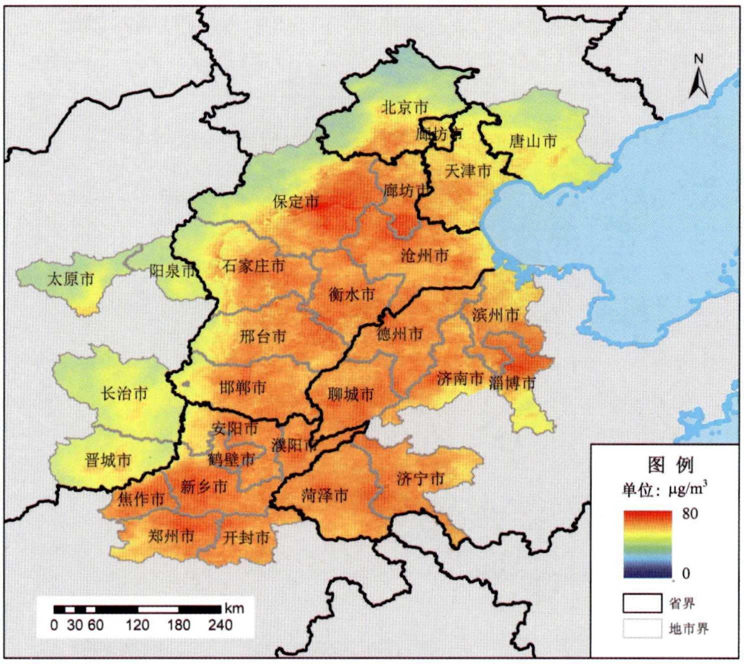

（a）2015 年

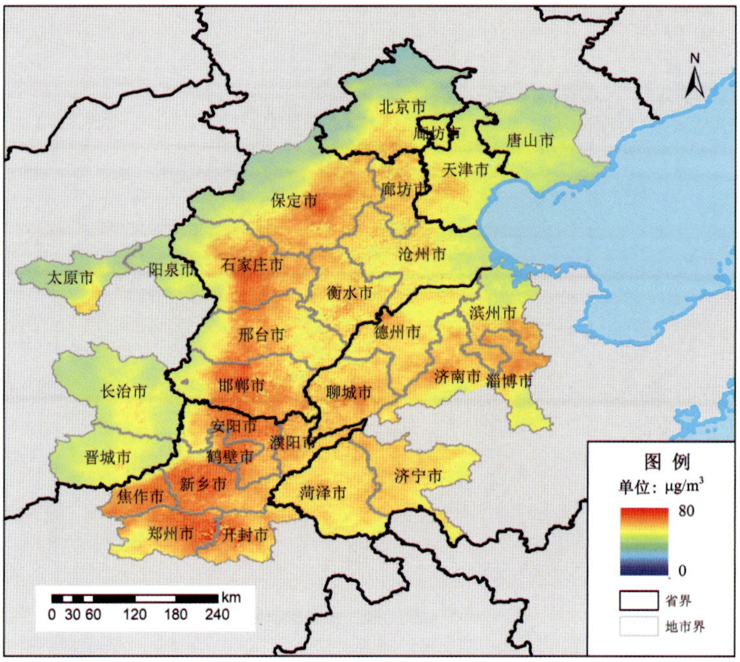

（b）2016 年

* MODIS 是 Moderate-Resolution Imaging Spectroradiometer 的缩写，即中分辨率成像光谱仪。

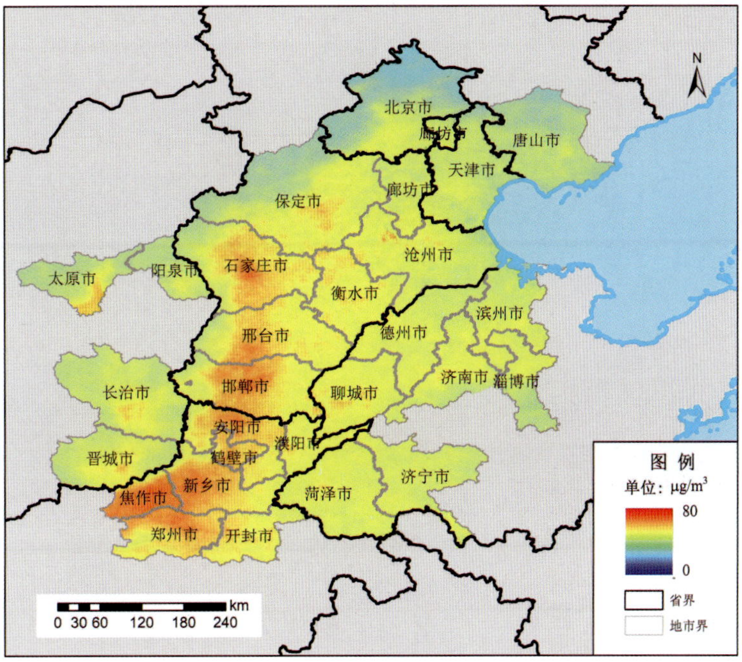

（c）2017 年

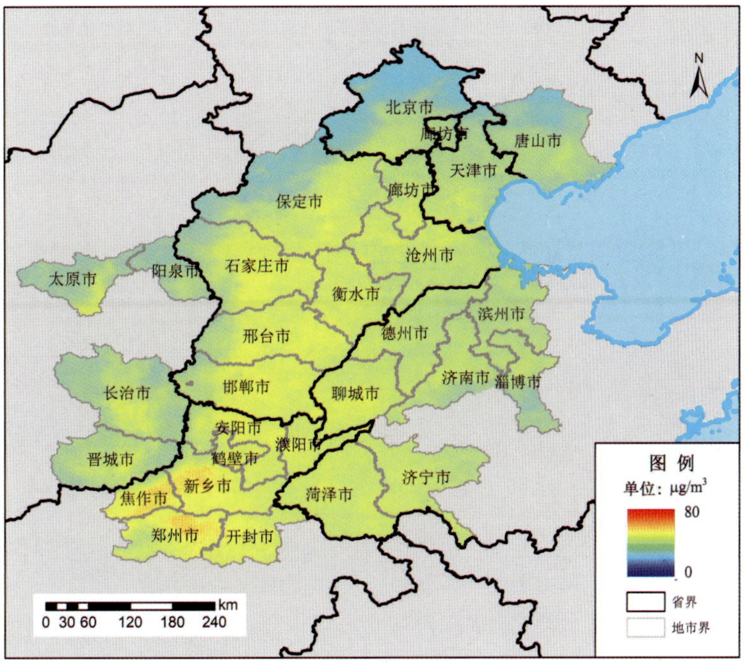

（d）2018 年

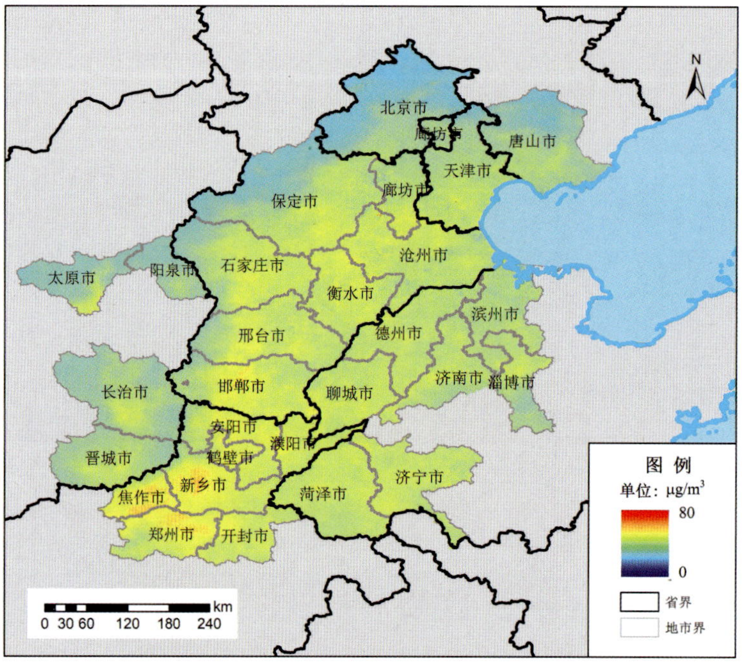

（e）2019 年

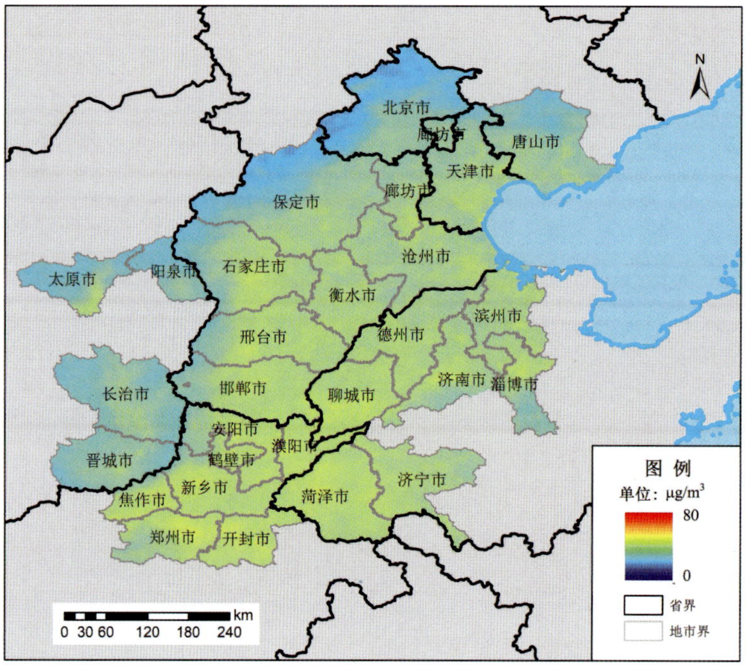

（f）2020 年

2015—2020 年基于 MODIS 数据的汾渭平原 $PM_{2.5}$ 空间分布

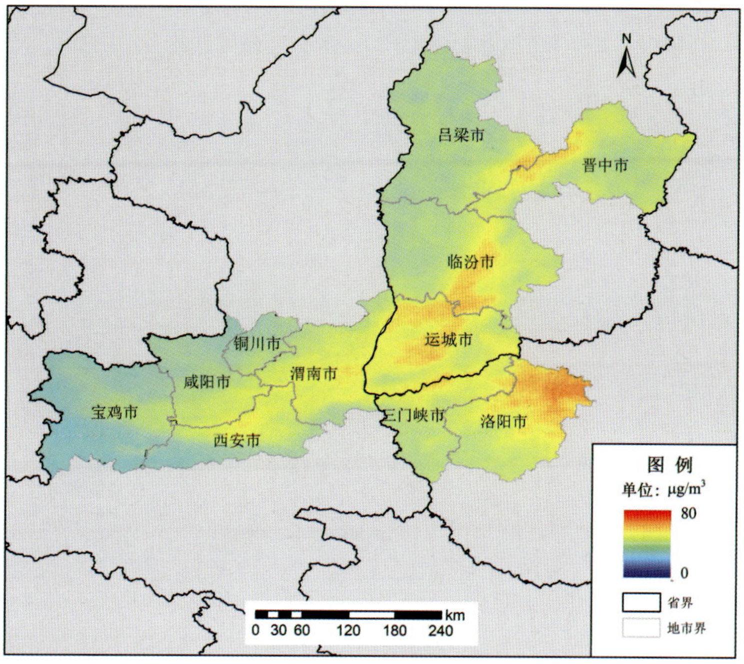

（a）2015 年

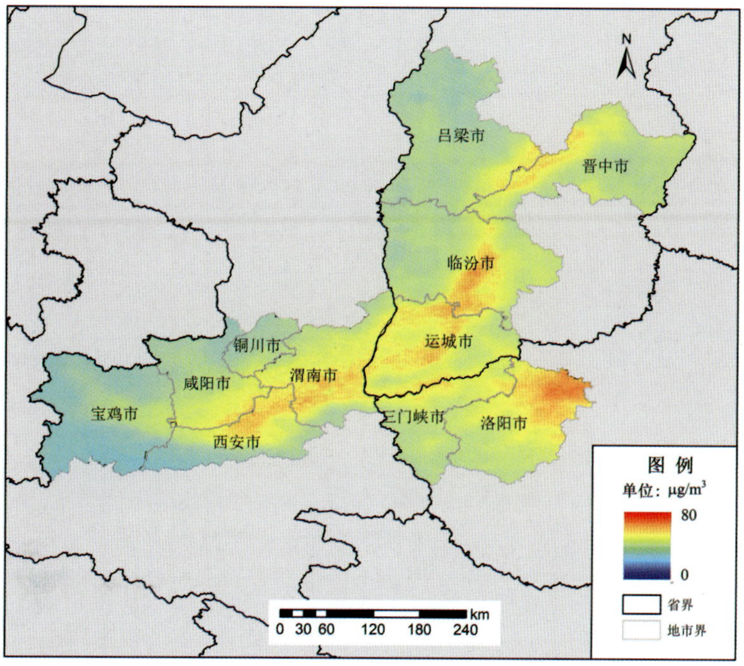

（b）2016 年

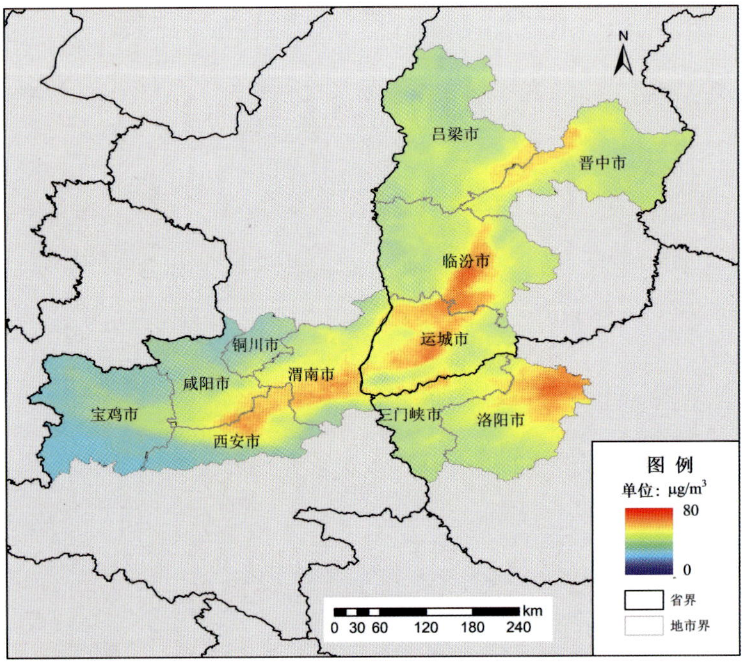

（c）2017 年

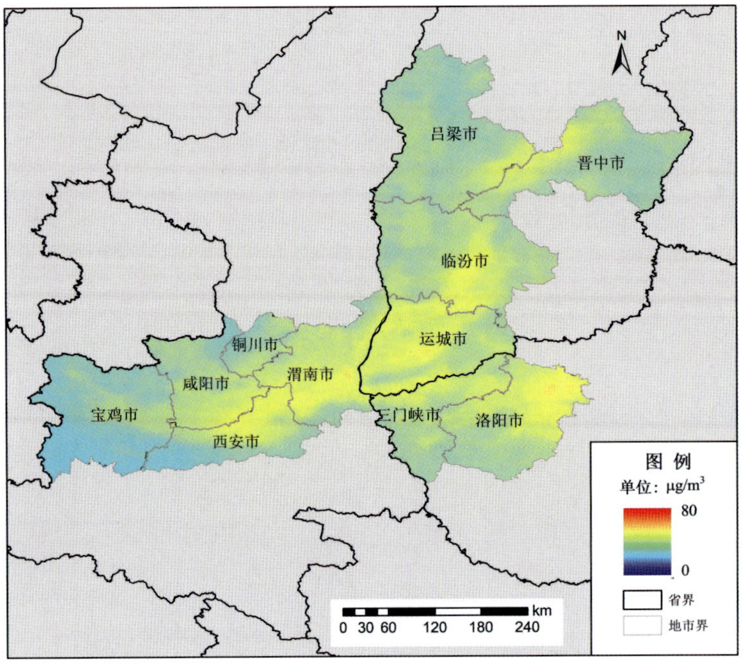

（d）2018 年

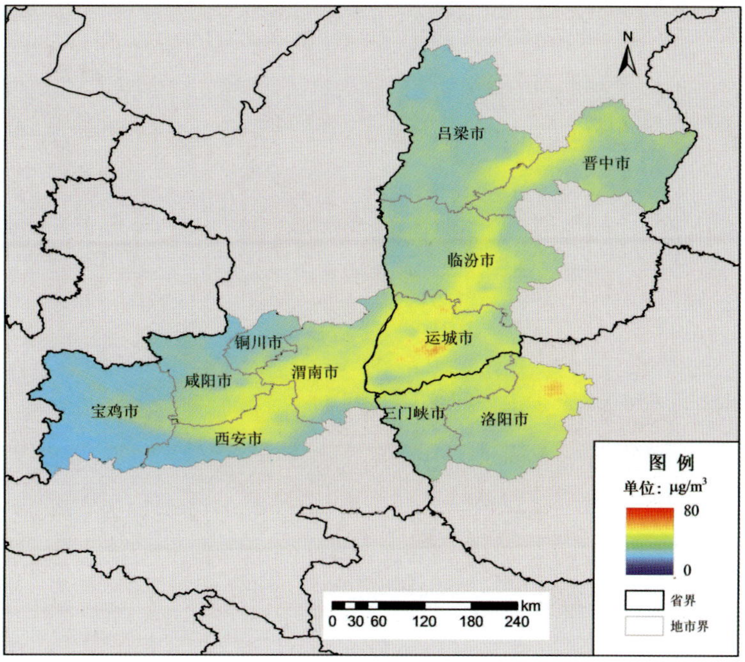

（e）2019 年

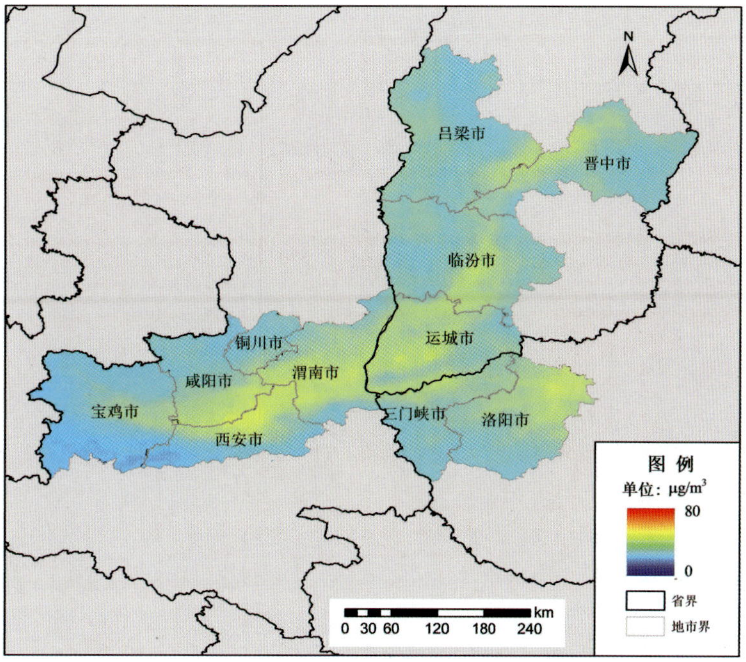

（f）2020 年

2015—2020 年基于 MODIS 数据的雄安新区 $PM_{2.5}$ 空间分布

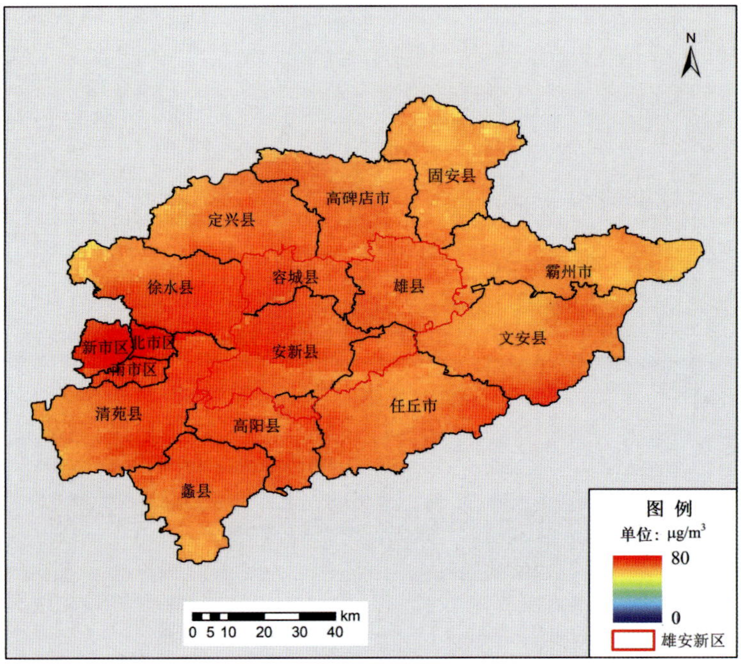

（a）2015 年

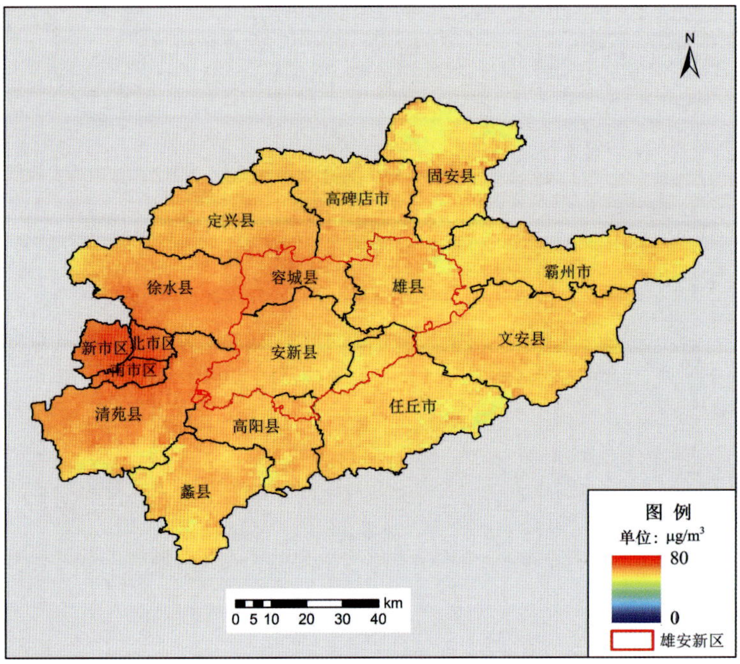

（b）2016 年

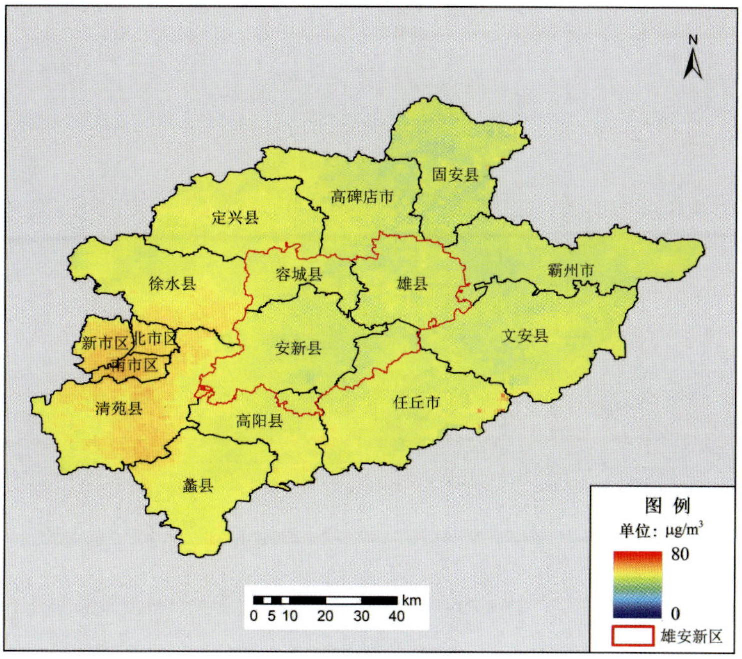

（c）2017 年

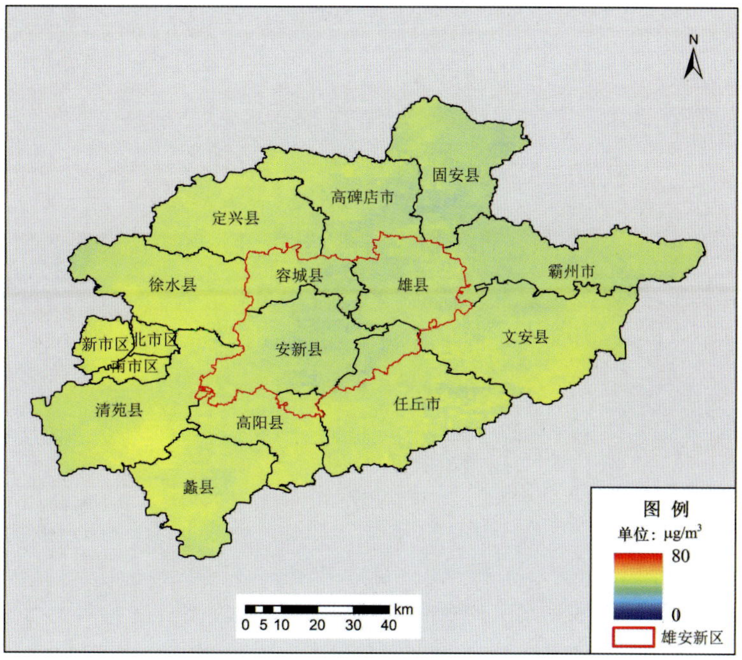

（d）2018 年

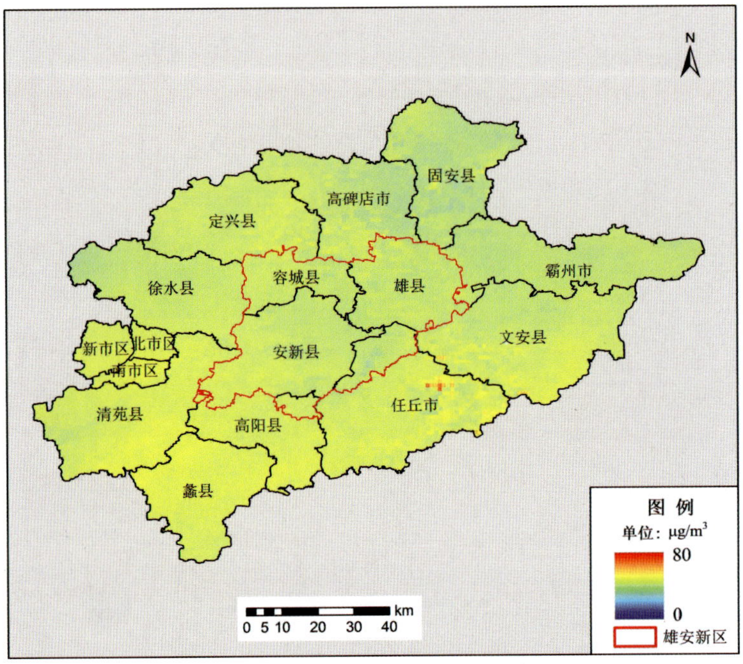

（e）2019 年

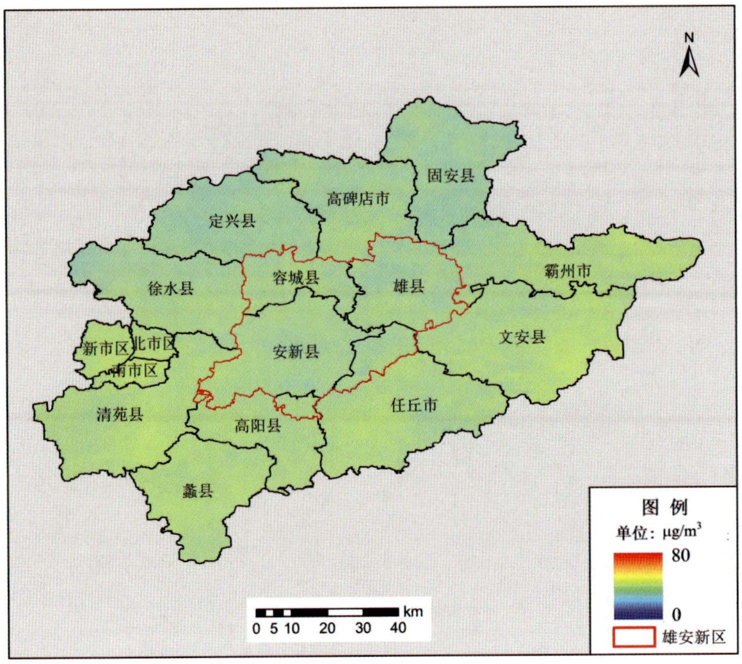

（f）2020 年

2020 年 10 月—2021 年 1 月基于 MODIS 数据的“2+26”城市 PM_{10} 空间分布

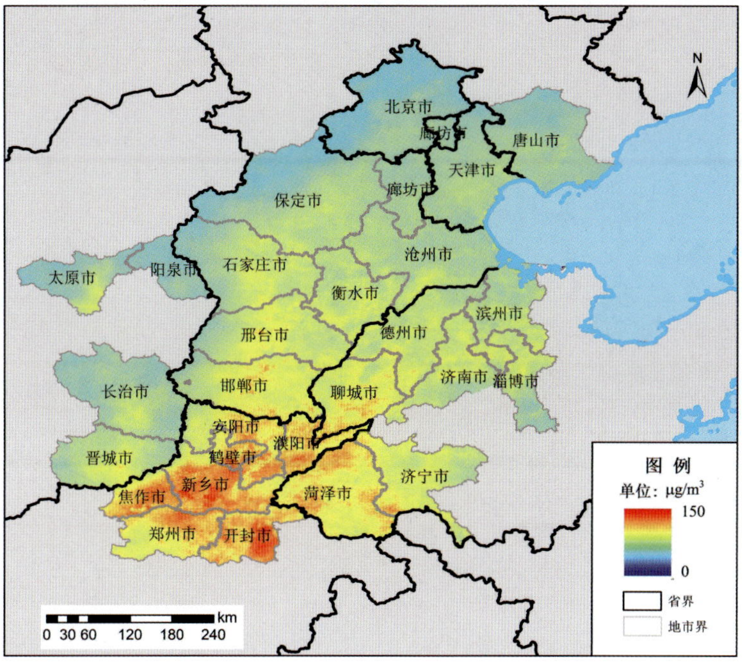

（a）2020 年 10 月

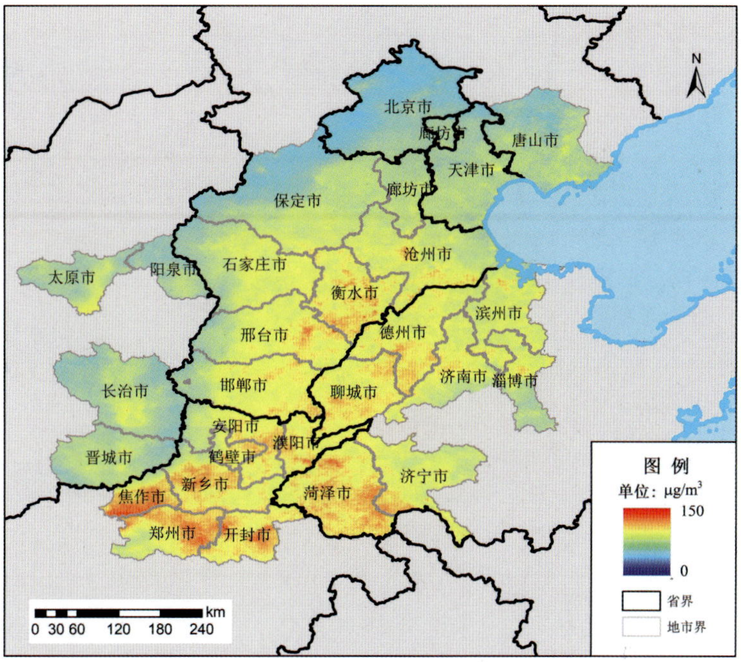

（b）2020 年 11 月

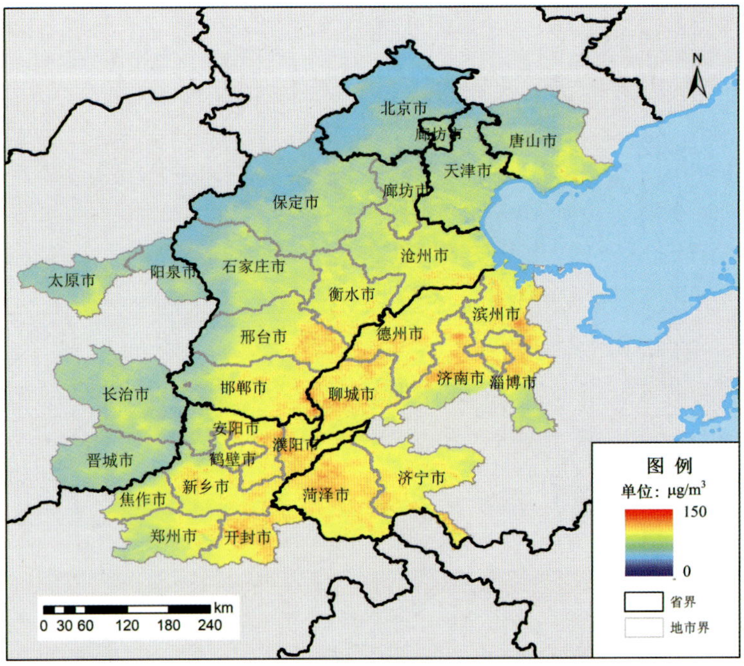

（c）2020 年 12 月

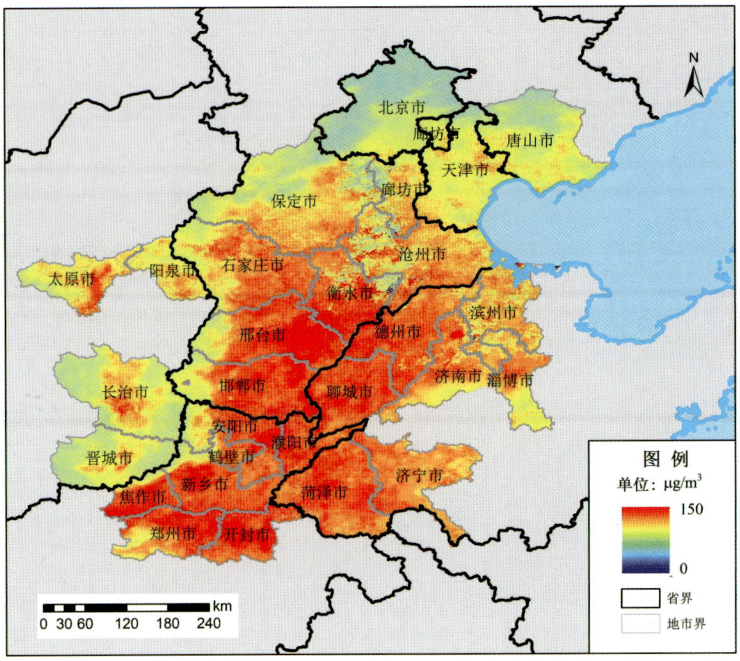

（d）2021 年 1 月

2020 年 10 月—2021 年 1 月基于 MODIS 数据的汾渭平原 PM_{10} 空间分布

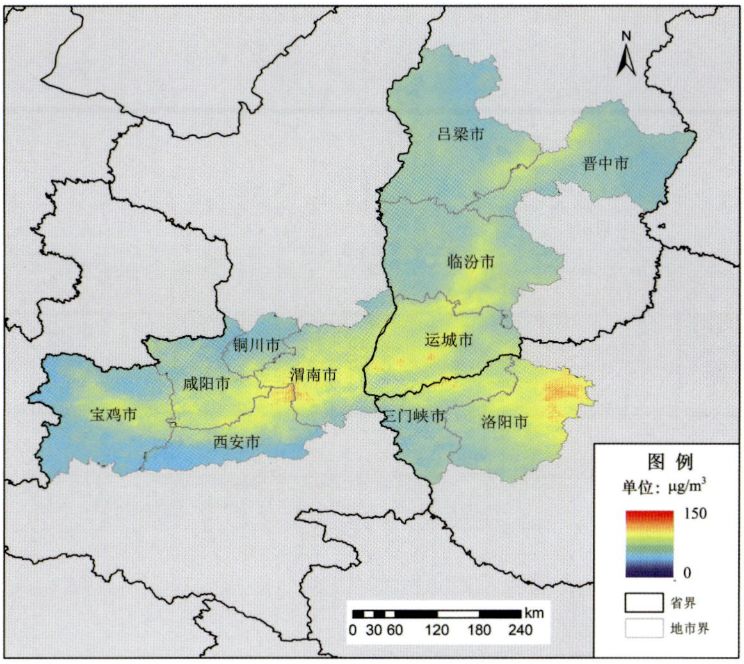

（a）2020 年 10 月

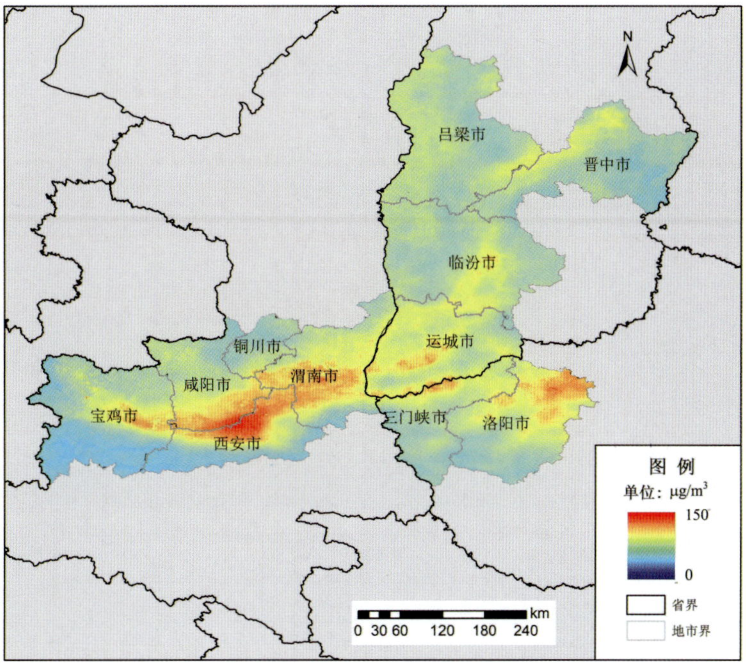

（b）2020 年 11 月

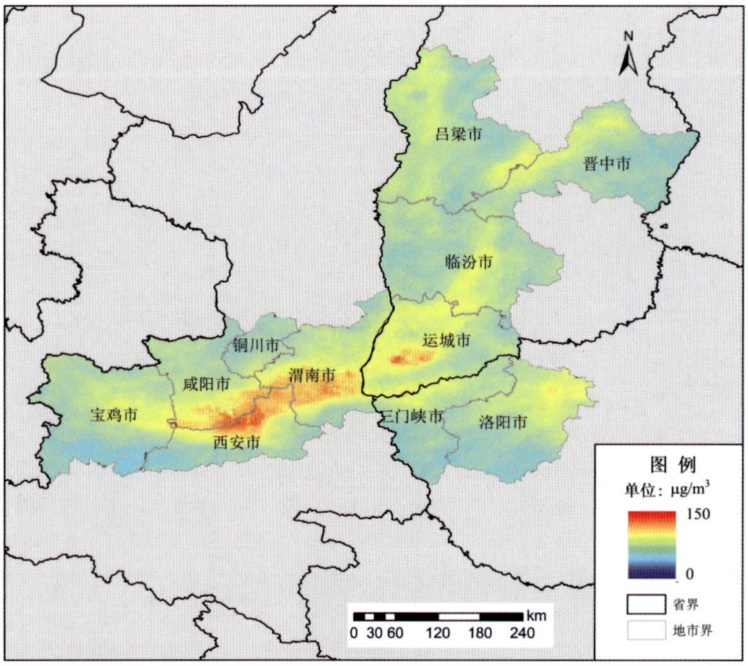

（c）2020 年 12 月

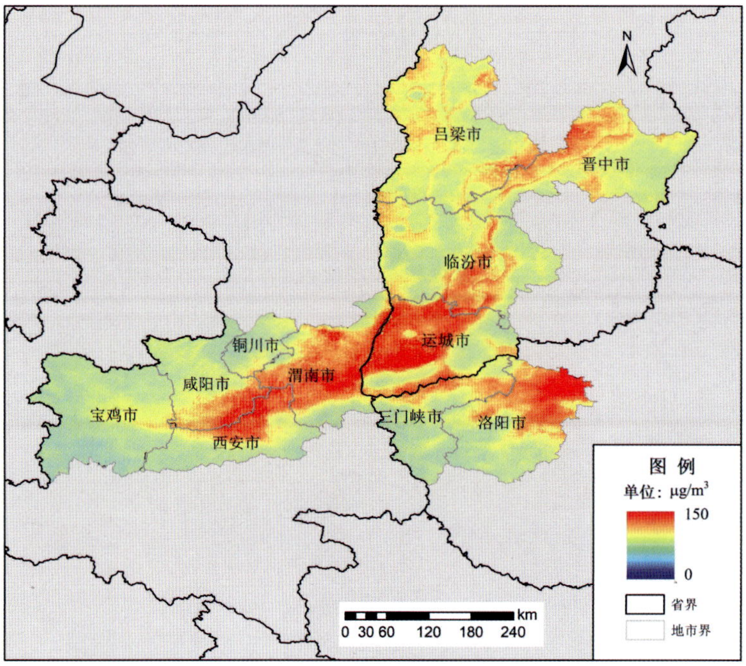

（d）2021 年 1 月年

2020 年 11 月—2021 年 1 月基于 MODIS 数据的雄安新区 PM_{10} 空间分布

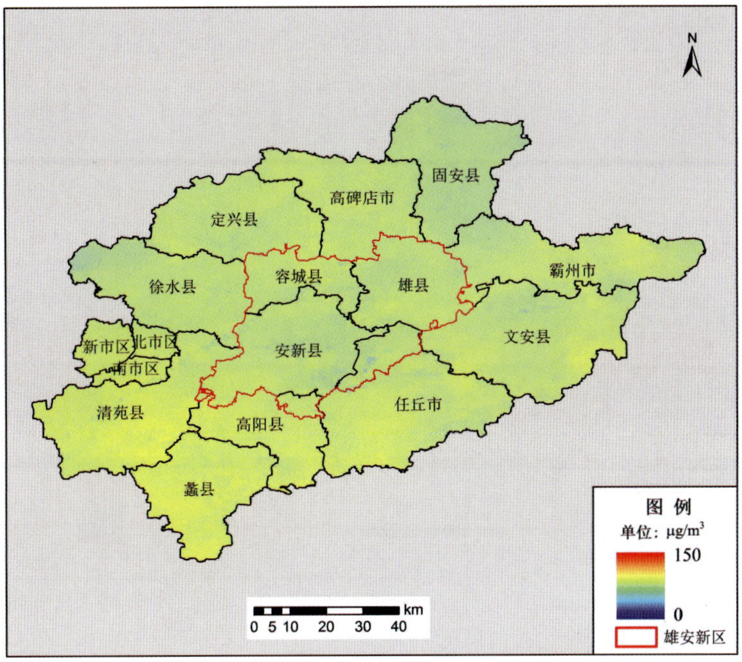

（a）2020 年 11 月

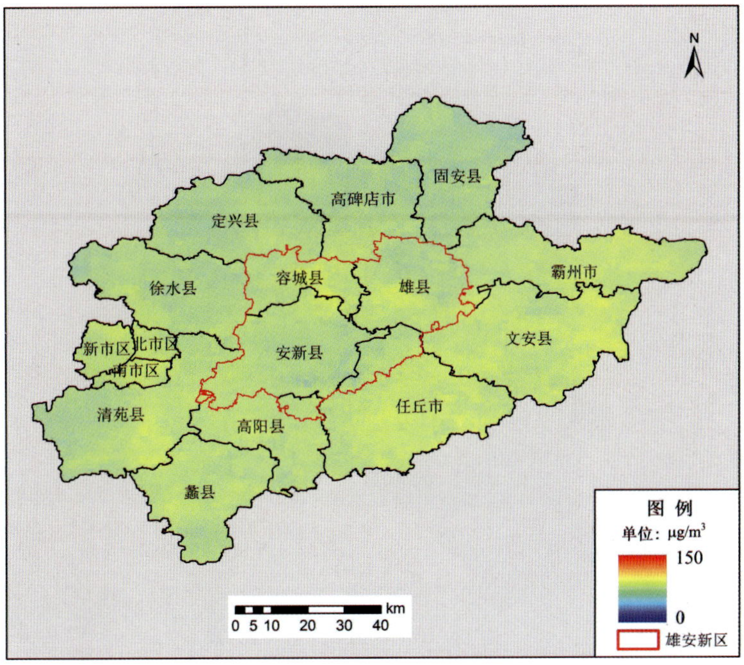

（b）2020 年 12 月

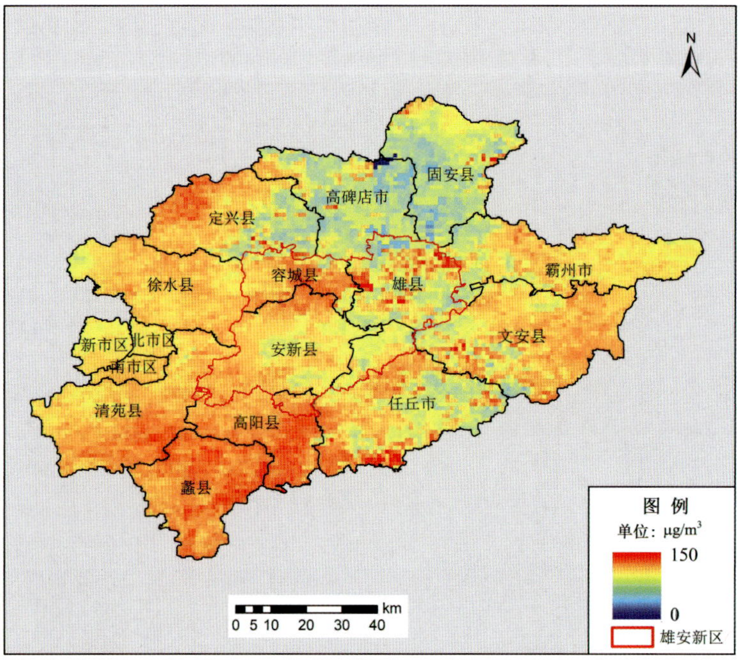

（c）2021 年 11 月

2.2 气态污染物遥感监测

2018 年 12 月 17 日基于高分五号卫星 EMI * 数据的京津冀对流层 NO_2 柱浓度分布

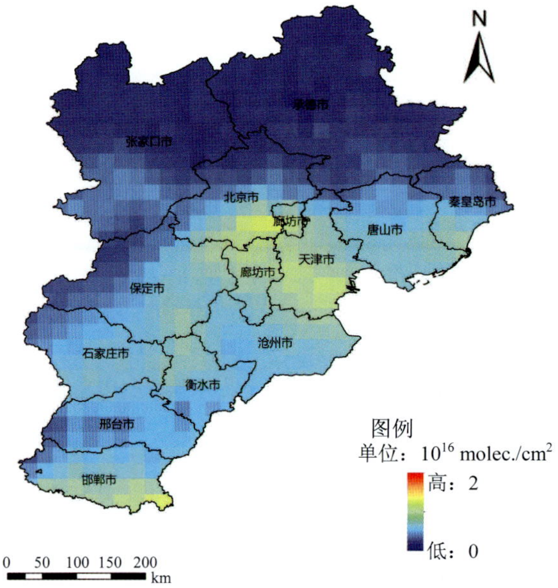

* EMI 是 Environmental trace gases Monitoring Instrument 的缩写，即大气痕量气体差分吸收光谱仪。

2019 年 2 月 14 日基于高分五号卫星 EMI 数据的京津冀对流层 SO_2 柱浓度分布

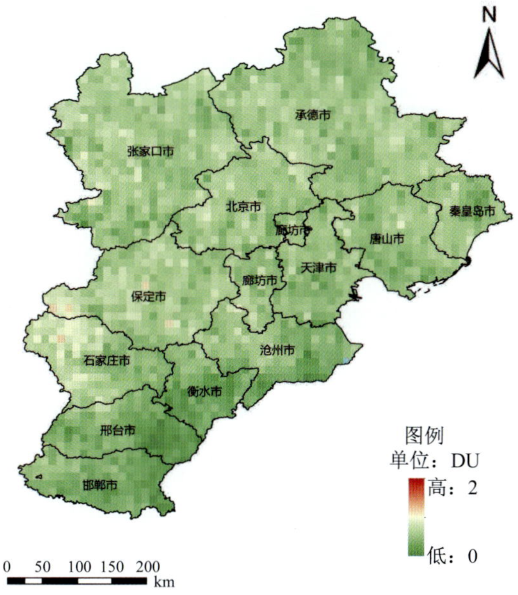

注：DU 即多布森单位（Dobson Unit），是用来度量大气中臭氧（O_3）柱尺度的单位，它等于在标准大气状态下千分之一厘米臭氧层的厚度。

2019 年 8 月基于高分五号卫星 EMI 数据的京津冀 O_3 柱浓度分布

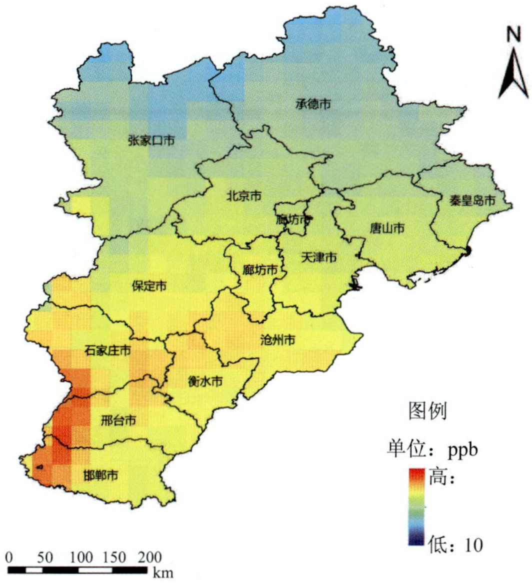

注：ppb 是 part per billion 的缩写，代表 10^{-9}。

2019 年 8 月基于高分五号卫星 EMI 数据的京津冀对流层 HCHO 柱浓度分布

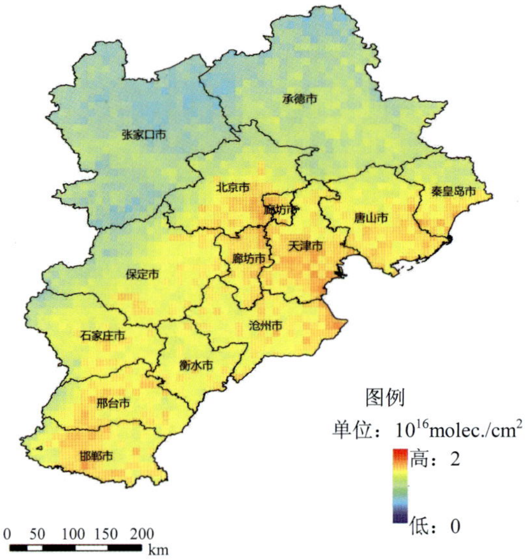

2019 年 8 月基于高分五号卫星 EMI 数据的珠三角对流层 HCHO 柱浓度分布

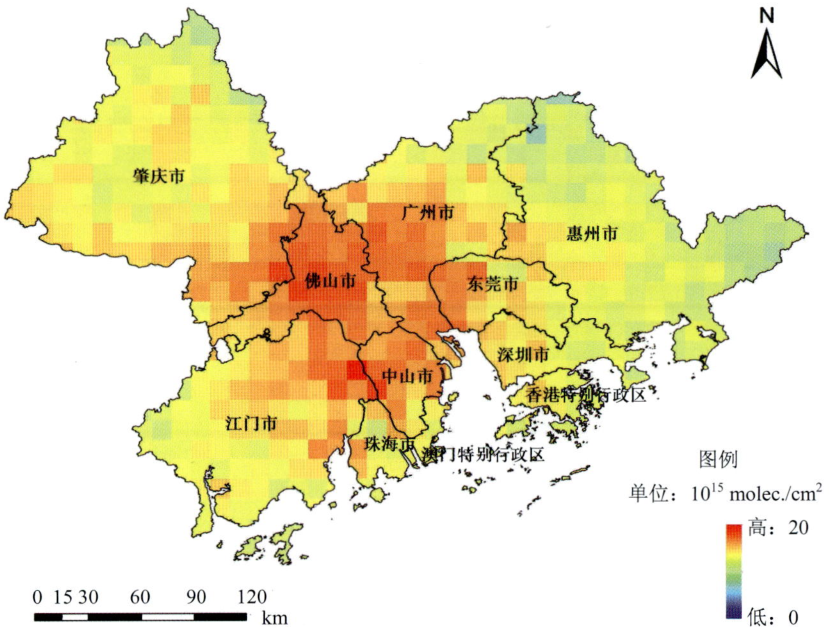

2019—2020 年基于 OMI * 数据的京津冀 HCHO 年均值分布

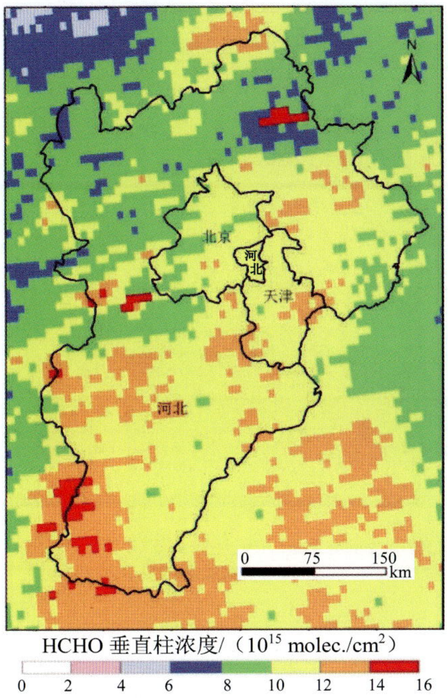

（a）2019 年

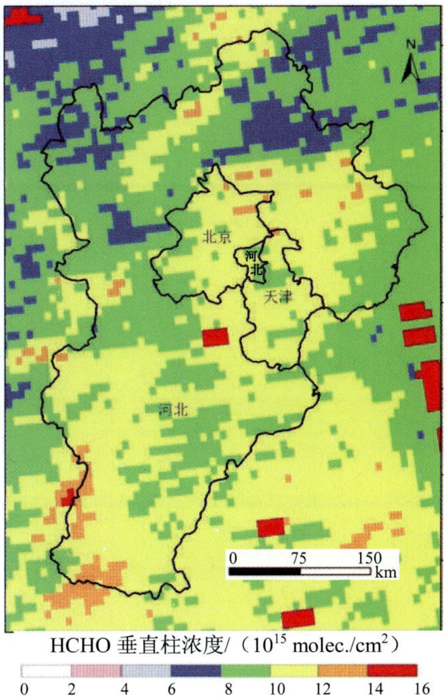

（b）2020 年

2019—2020 年基于 OMI 数据的长三角 HCHO 年均值分布

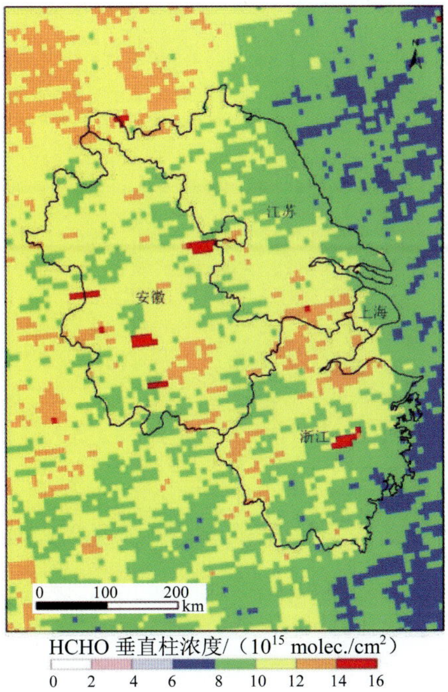

（a）2019 年

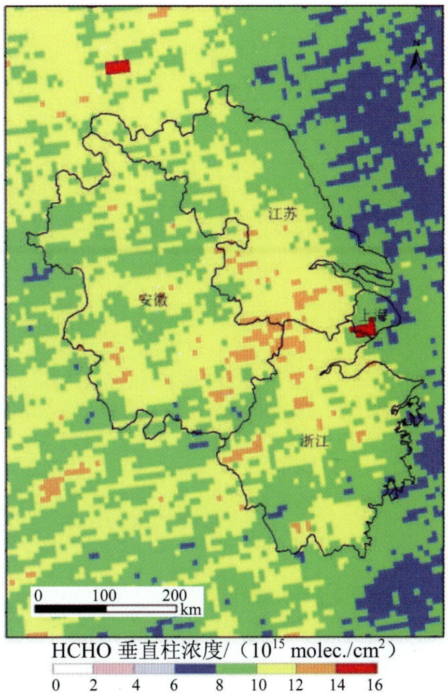

（b）2020 年

---

* OMI 是 Ozone Monitoring Instrument 的缩写，即臭氧监测仪。

2019—2020 年基于 OMI 数据的珠三角 HCHO 年均值分布

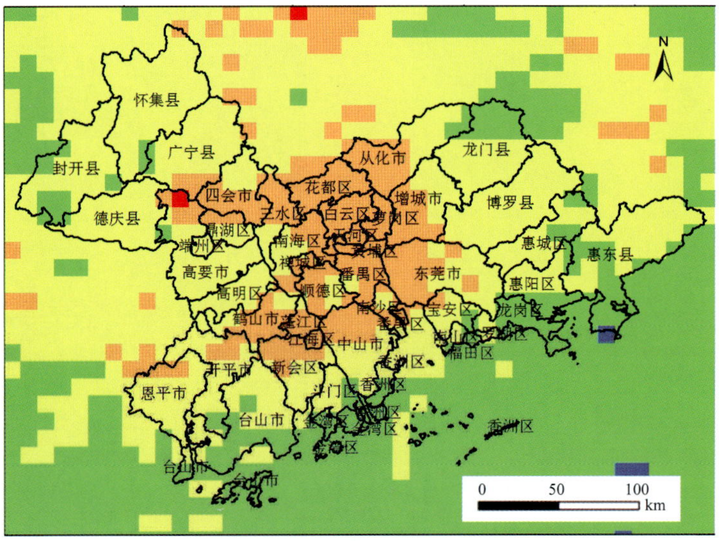

HCHO 垂直柱浓度/（10^{15} molec./cm^2）

0 2 4 6 8 10 12 14 16

（a）2019 年

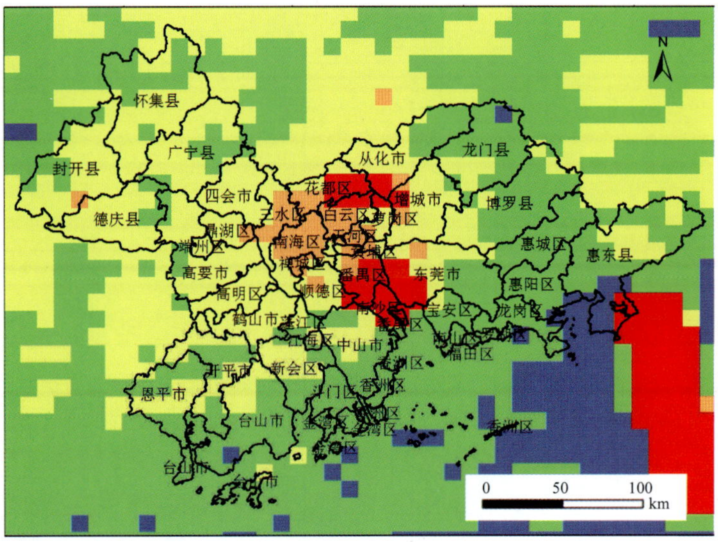

HCHO 垂直柱浓度/（10^{15} molec./cm^2）

0 2 4 6 8 10 12 14 16

（b）2020 年

2019—2020 年基于 OMI 数据的京津冀 NO_2 年均值分布

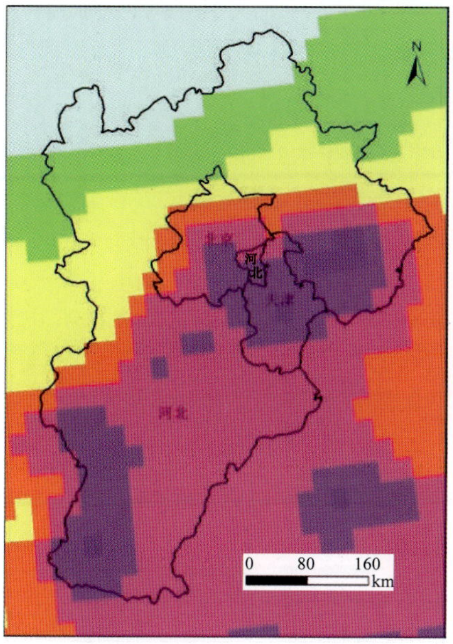

NO_2 垂直柱浓度/（10^{15} molec./cm^2）

0 2.7 5.4 8.1 10.8 13.5 16.1 18.8 21.5 24.2 26.9

（a）2019 年

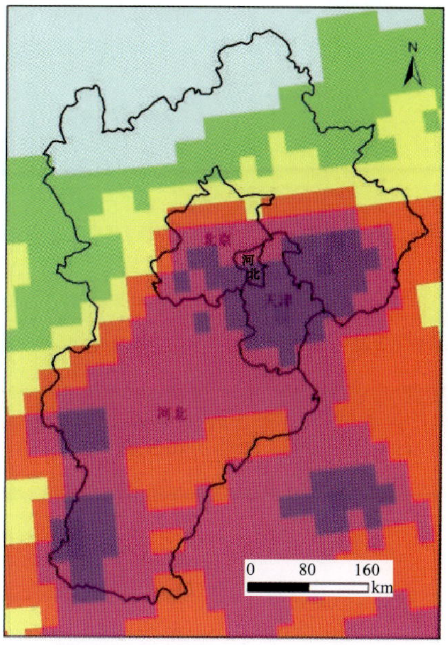

NO_2 垂直柱浓度/（10^{15} molec./cm^2）

0 2.7 5.4 8.1 10.8 13.5 16.1 18.8 21.5 24.2 26.9

（b）2020 年

2019—2020 年基于 OMI 数据的长三角 NO_2 年均值分布

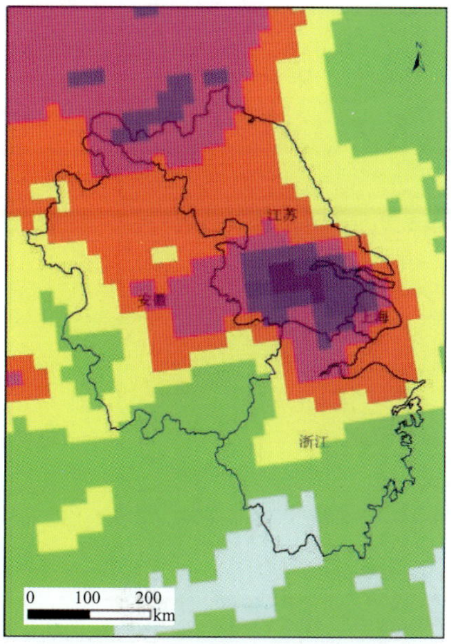

NO_2 垂直柱浓度/（10^{15} molec./cm^2）

0 2.7 5.4 8.1 10.8 13.5 16.1 18.8 21.5 24.2 26.9

（a）2019 年

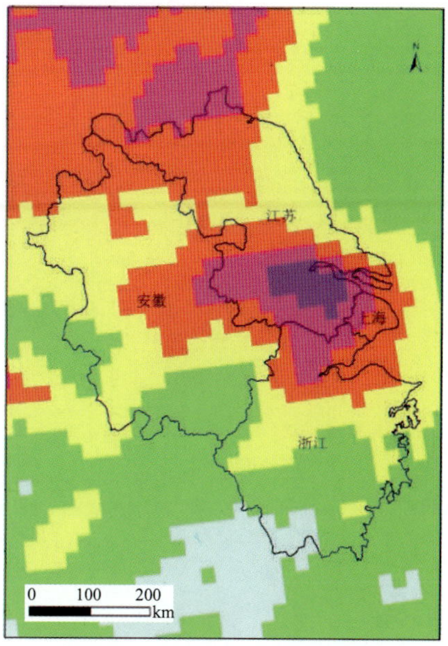

NO_2 垂直柱浓度/（10^{15} molec./cm^2）

0 2.7 5.4 8.1 10.8 13.5 16.1 18.8 21.5 24.2 26.9

（b）2020 年

2019—2020 年基于 OMI 数据的珠三角 NO_2 年均值分布

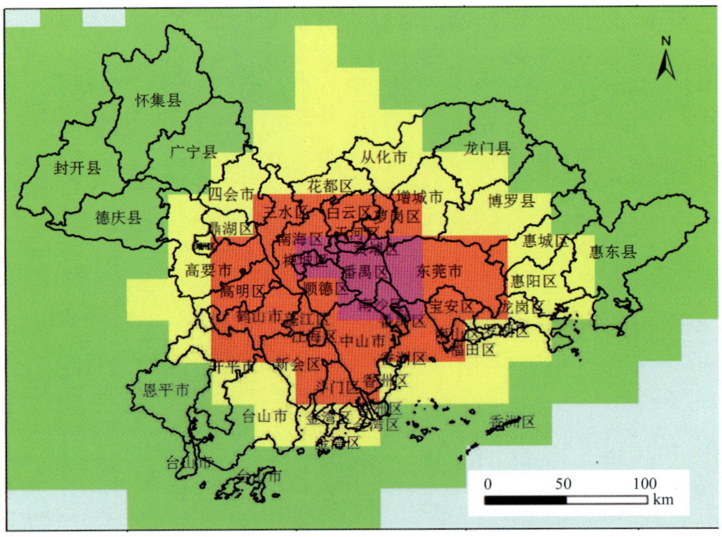

NO_2 垂直柱浓度/（10^{15} molec./cm^2）

0　2.7　5.4　8.1　10.8　13.5　16.1　18.8　21.5　24.2　26.9

（a）2019 年

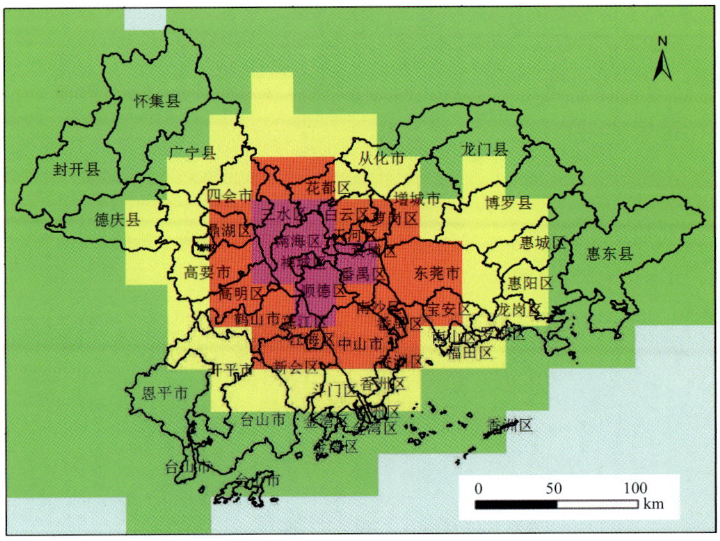

NO_2 垂直柱浓度/（10^{15} molec./cm^2）

0　2.7　5.4　8.1　10.8　13.5　16.1　18.8　21.5　24.2　26.9

（b）2020 年

2019—2021 年基于 MODIS 数据的“2+26”城市 NO_2 空间分布

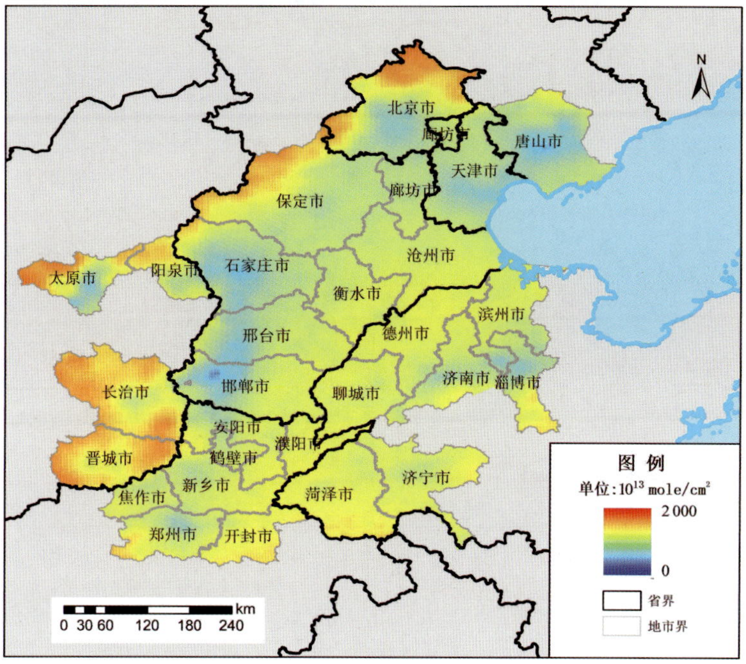

（a）2019 年

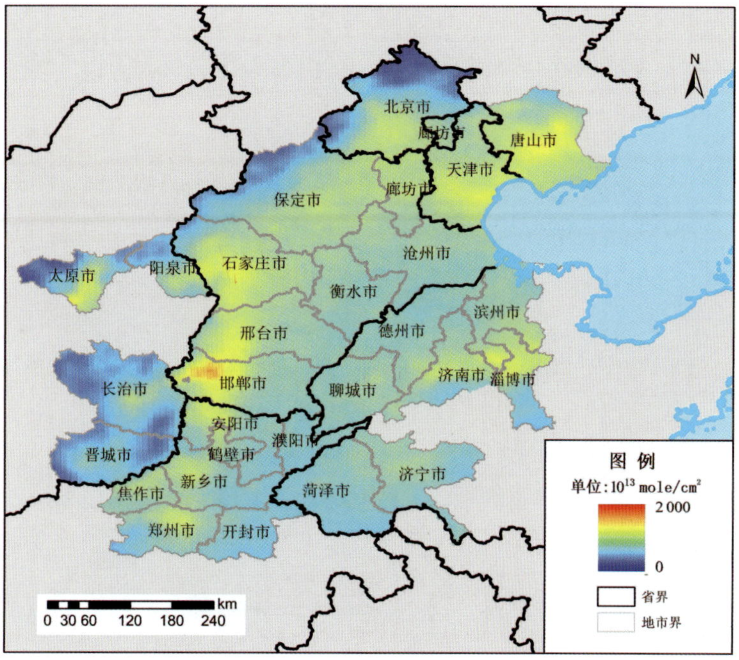

（b）2020 年

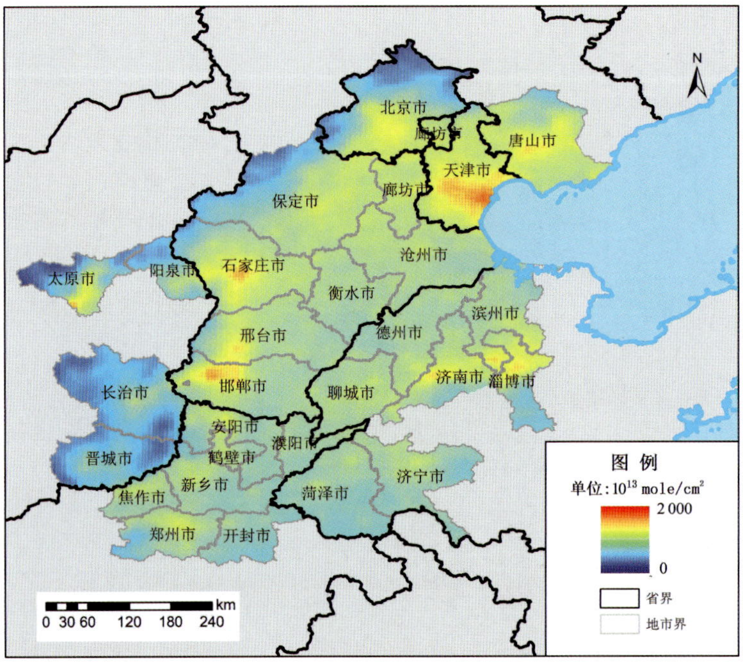

（c）2021 年

2019—2021 年基于 MODIS 数据的汾渭平原 NO_2 空间分布

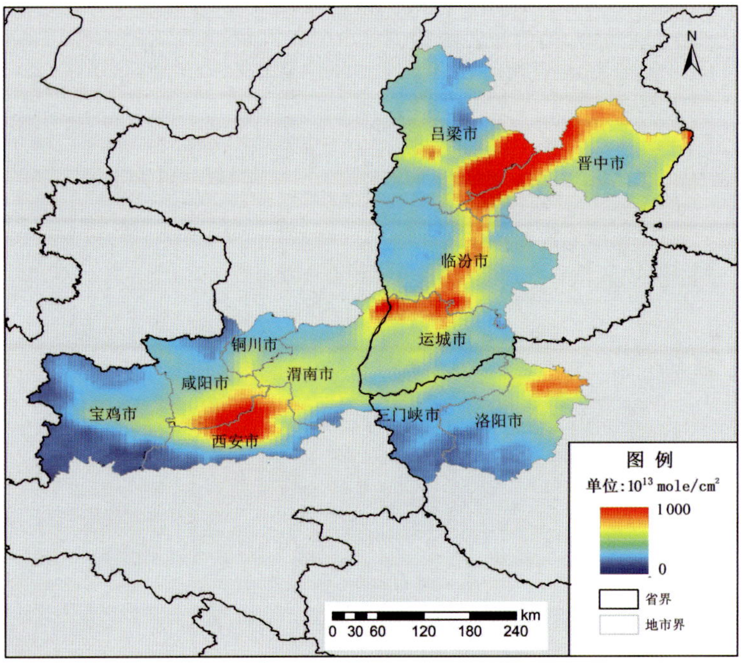

（a）2019 年

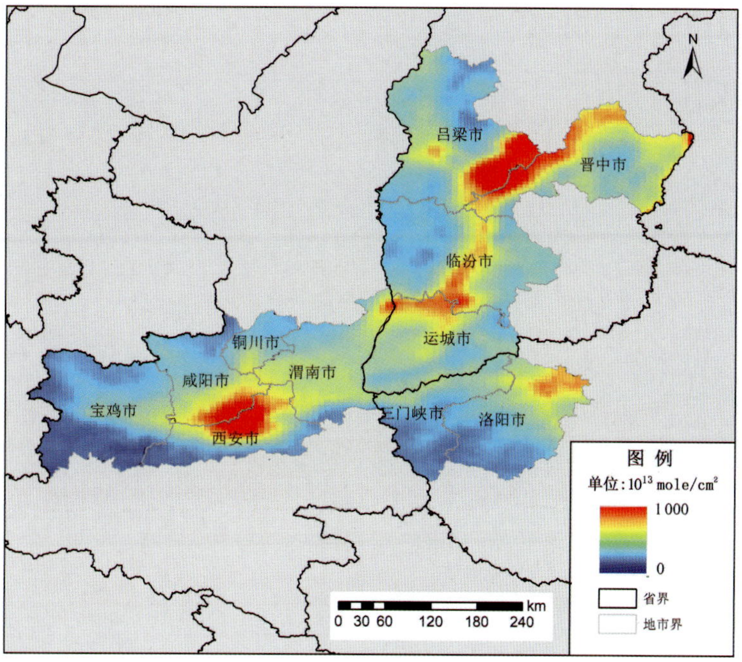

（b）2020 年

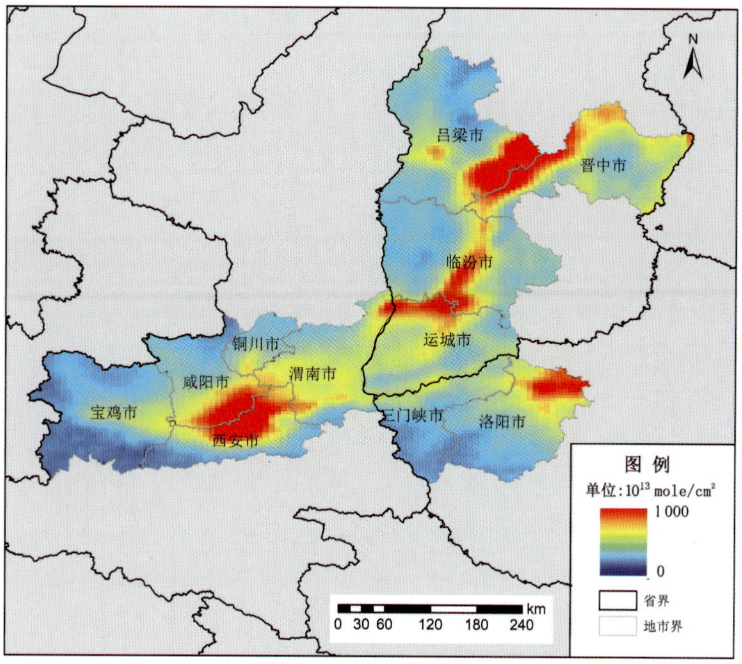

（c）2021 年

2019—2021 年基于 MODIS 数据的雄安新区 NO_2 空间分布

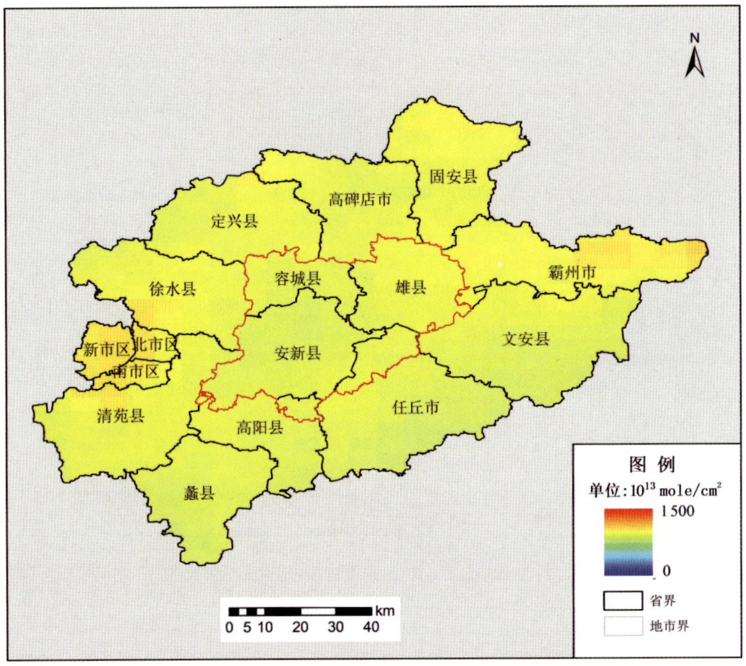

（a）2019 年

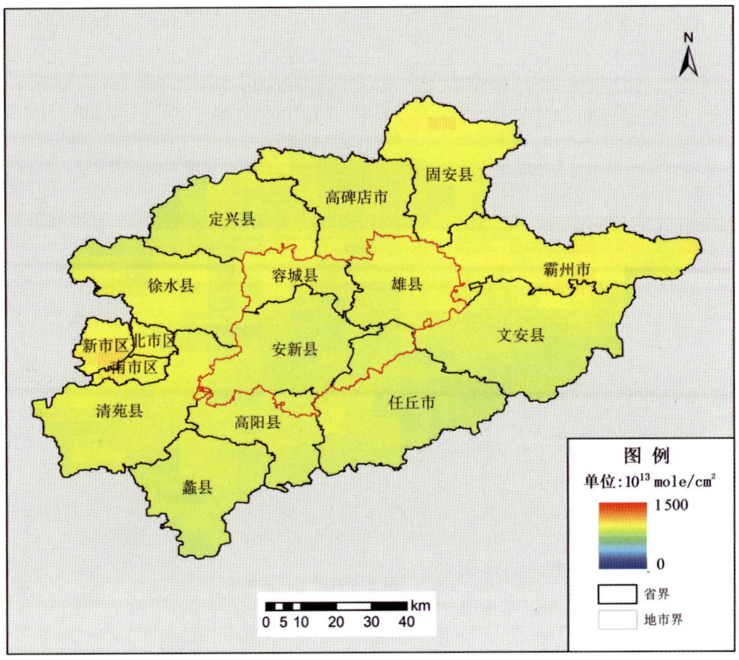

（b）2020 年

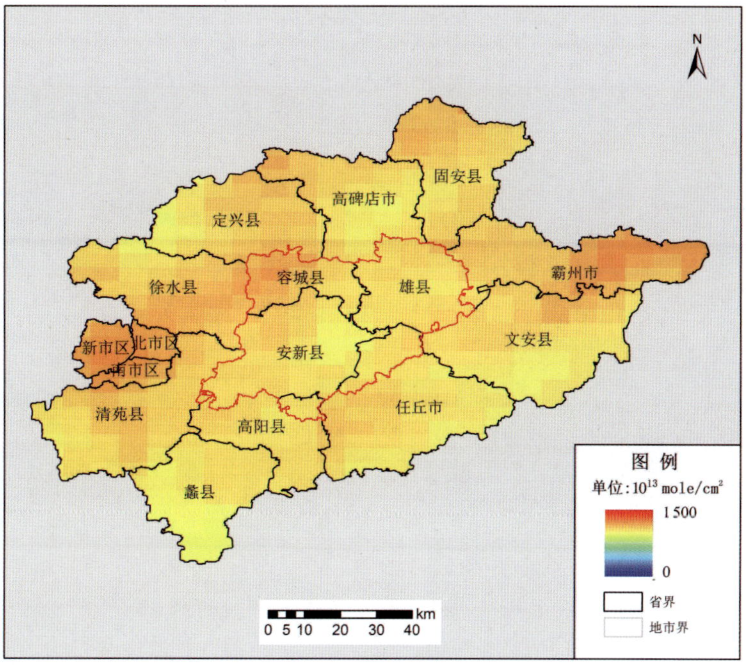

（c）2021 年

2019—2020 年 OMI 京津冀 SO_2 年均值分布

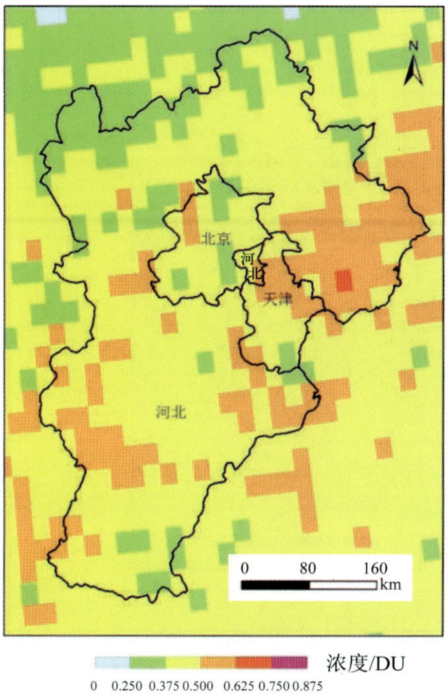

（a）2019 年

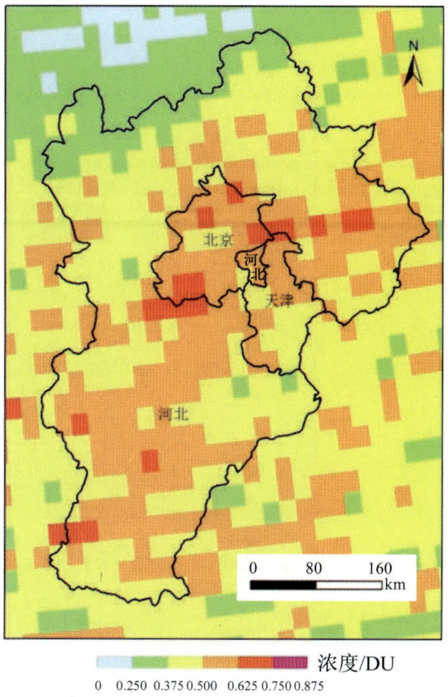

（b）2020 年

2019—2020 年基于 OMI 数据的长三角 SO_2 年均值分布

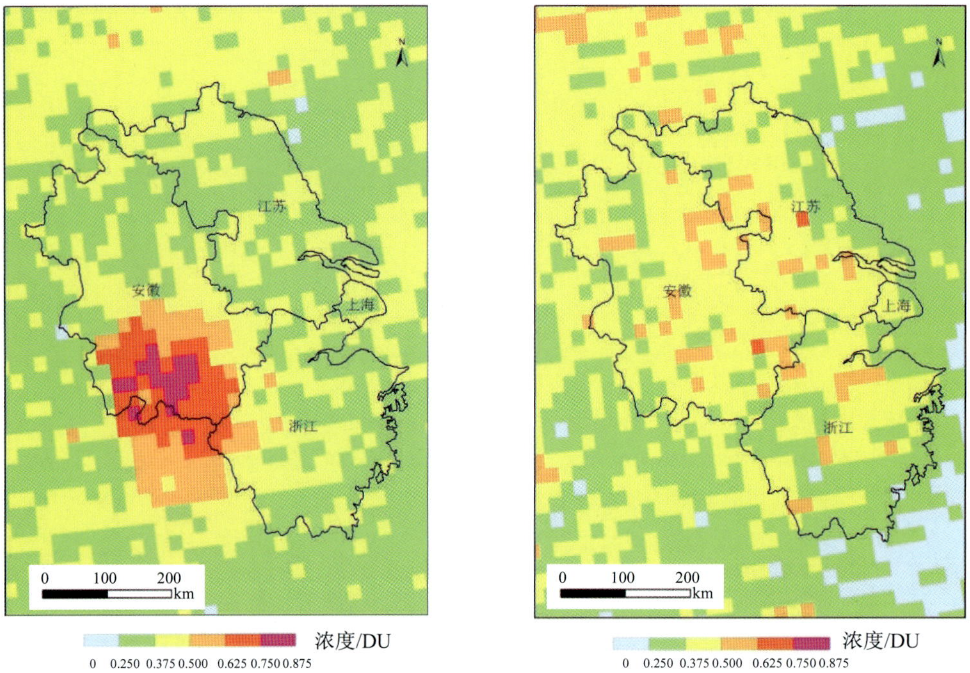

（a）2019 年　　（b）2020 年

2019—2020 年基于 OMI 数据的珠三角 SO_2 年均值分布

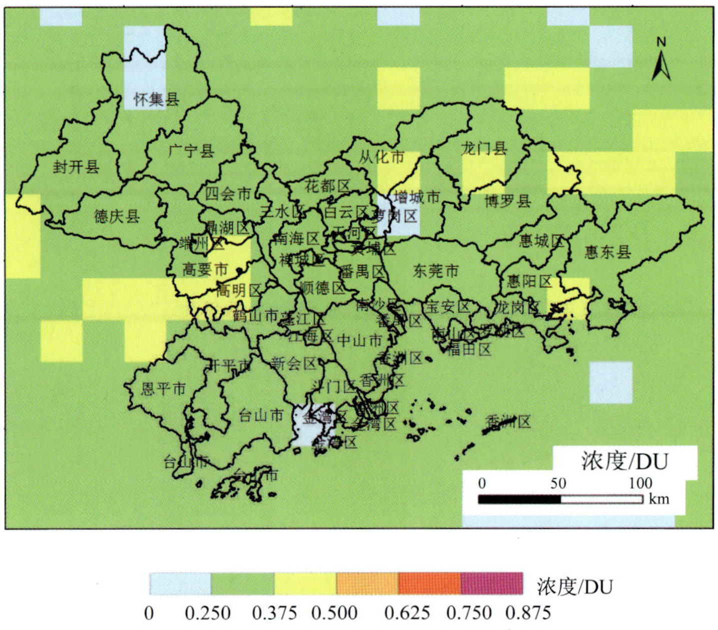

（a）2019 年

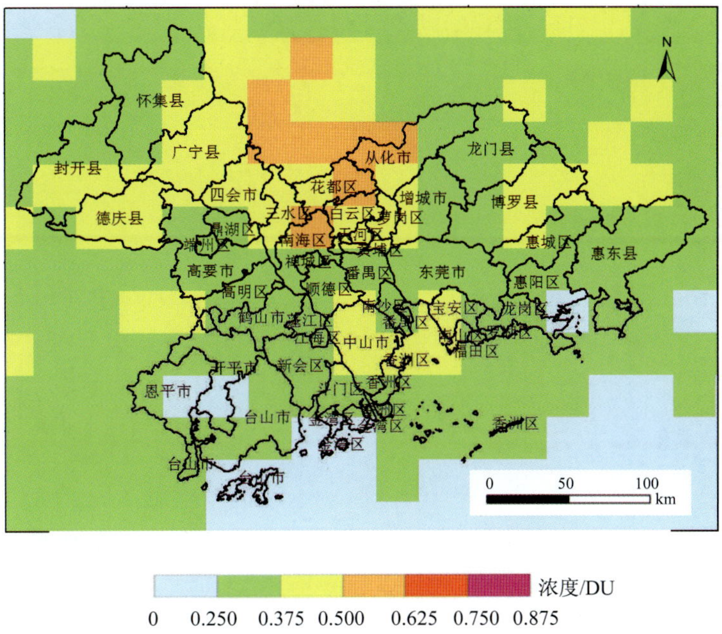

（b）2020 年

2019—2020 年基于 TROPOMI * 数据的京津冀 NO_2 年均值分布

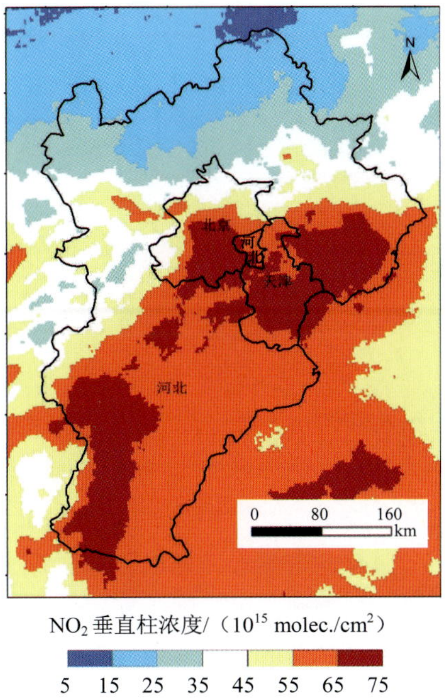

（a）2019 年

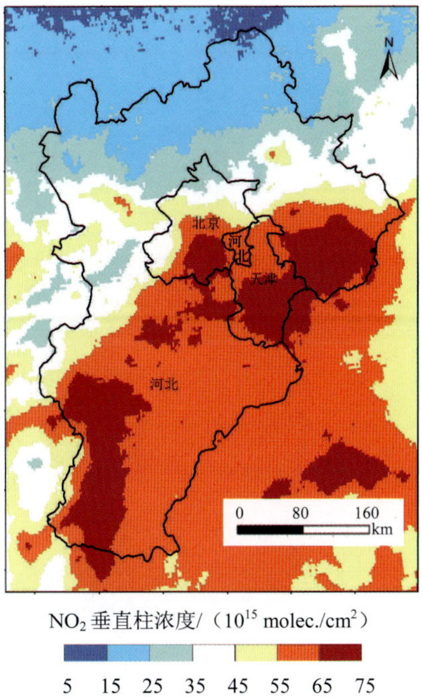

（b）2020 年

* TROPOMI 是 Tropospheric Monitoring Instrument 的缩写，即对流层监测仪。

2019—2020 年基于 TROPOMI 数据的长三角 NO_2 年均值分布

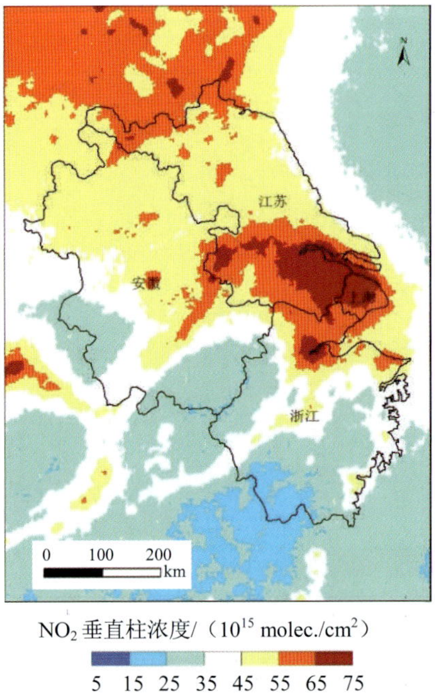

（a）2019 年

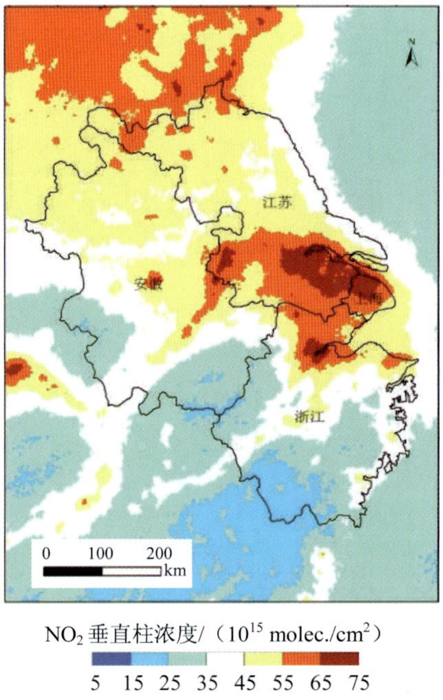

（b）2020 年

2019—2020 年基于 TROPOMI 数据的珠三角 NO_2 年均值分布

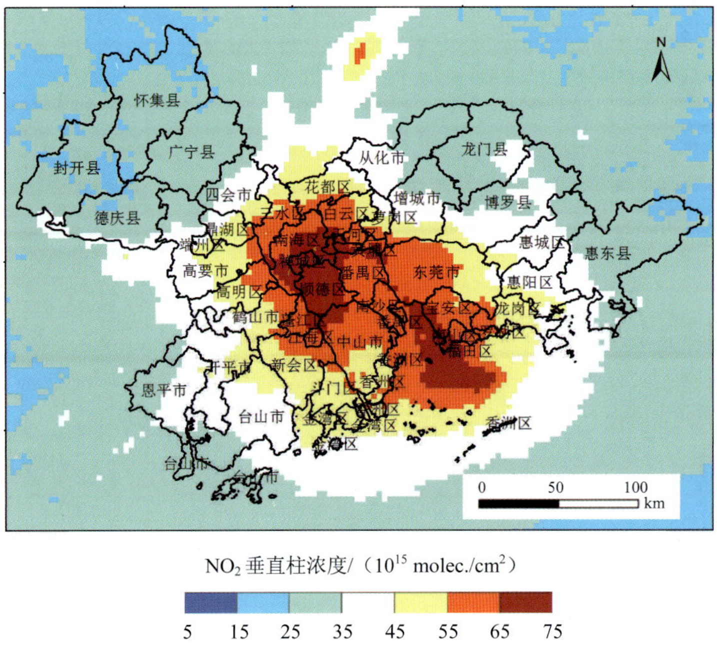

（a）2019 年

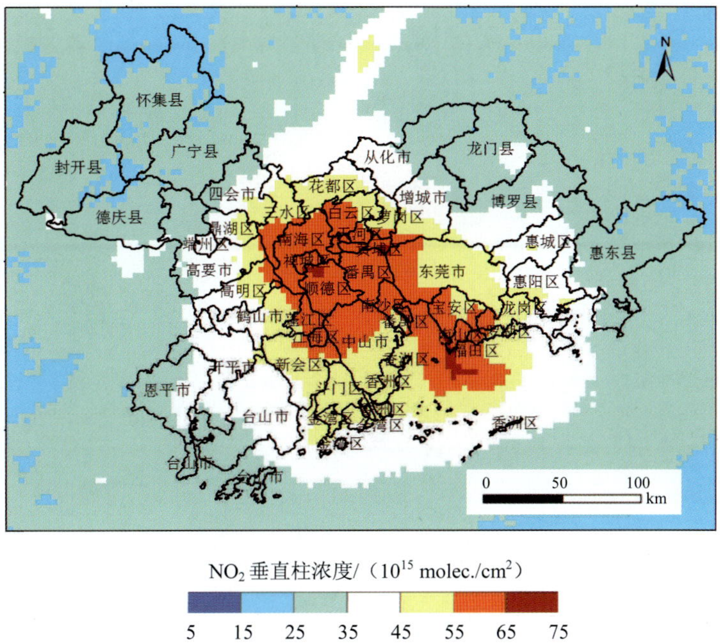

（b）2020 年

2019—2020 年基于 TROPOMI 数据的京津冀及周边“2+26”城市* SO_2 年均值分布

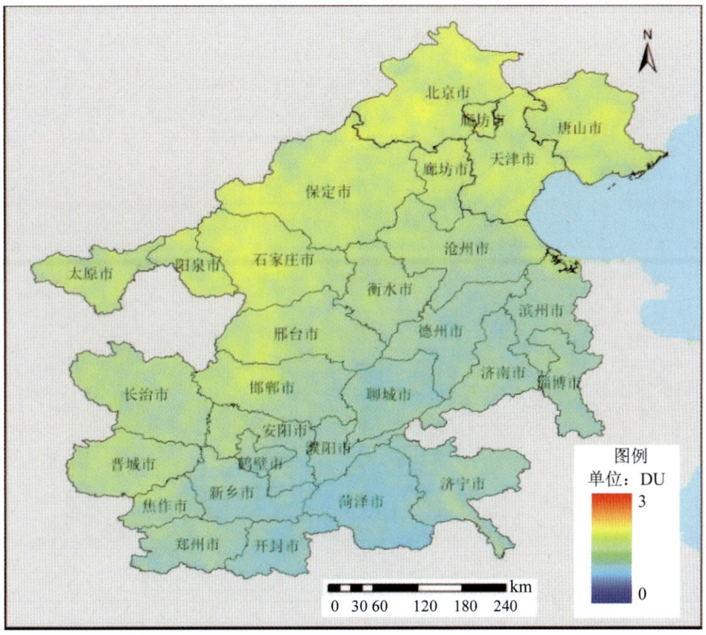

（a）2019 年

---

* 京津冀及周边“2+26”城市包括北京，天津，河北石家庄、唐山、廊坊、保定、沧州、衡水、邢台、邯郸，山西太原、阳泉、长治、晋城，山东济南、淄博、济宁、德州、聊城、滨州、菏泽，河南郑州、开封、安阳、鹤壁、新乡、焦作、濮阳。

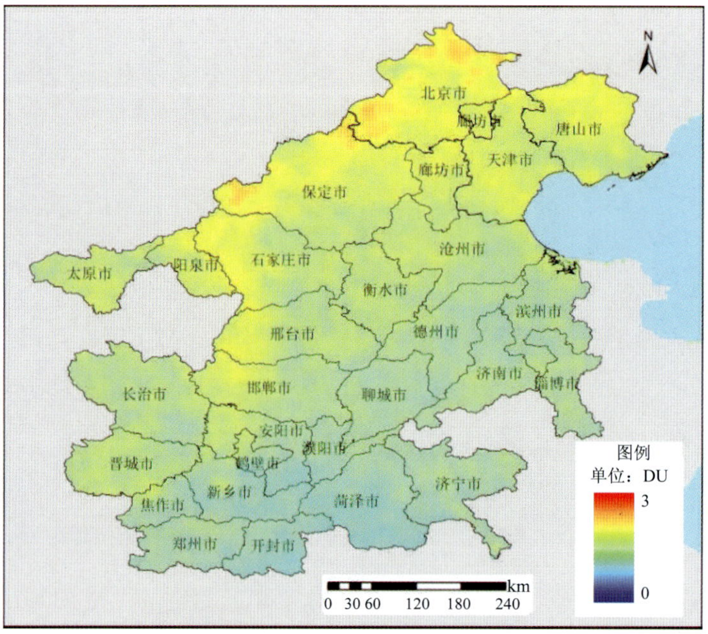

（b）2020 年

2019—2020 年基于 TROPOMI 数据的长三角 SO_2 年均值分布

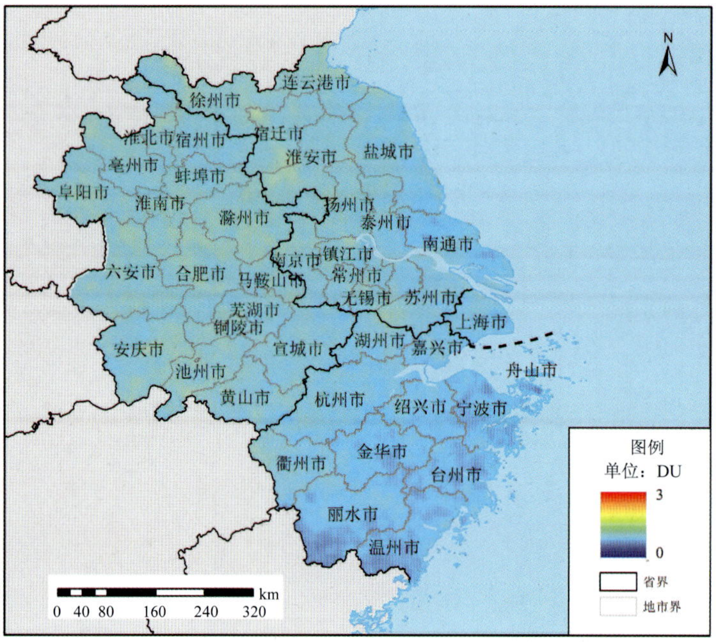

（a）2019 年

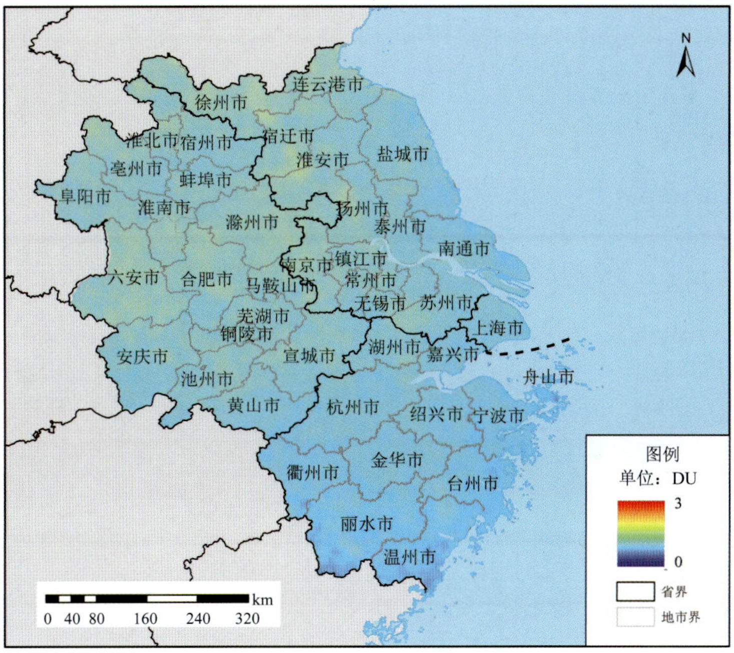

（b）2020 年

2019—2020 年基于 TROPOMI 数据的珠三角 SO_2 年均值分布

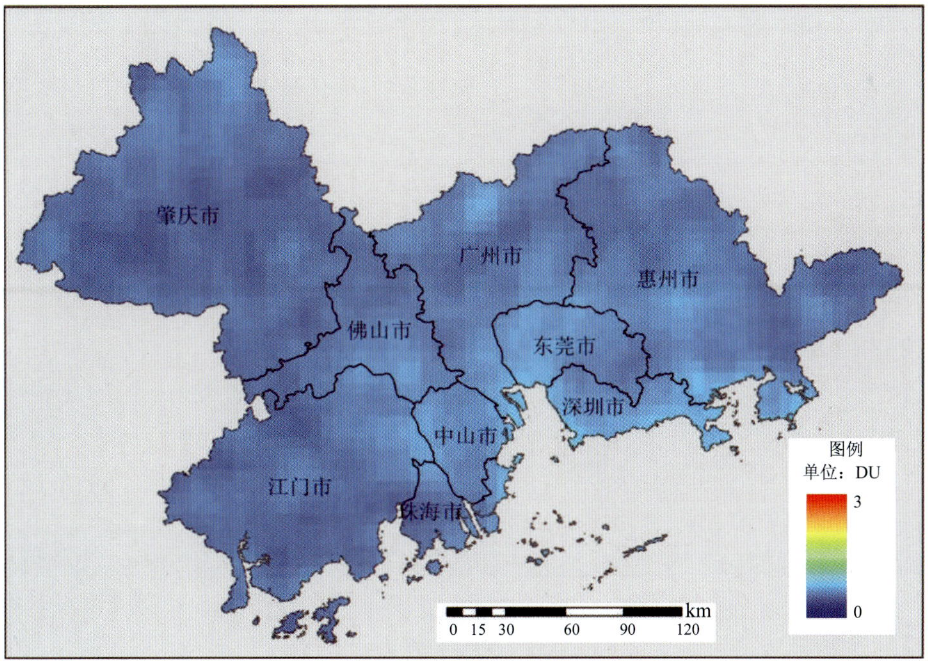

（a）2019 年

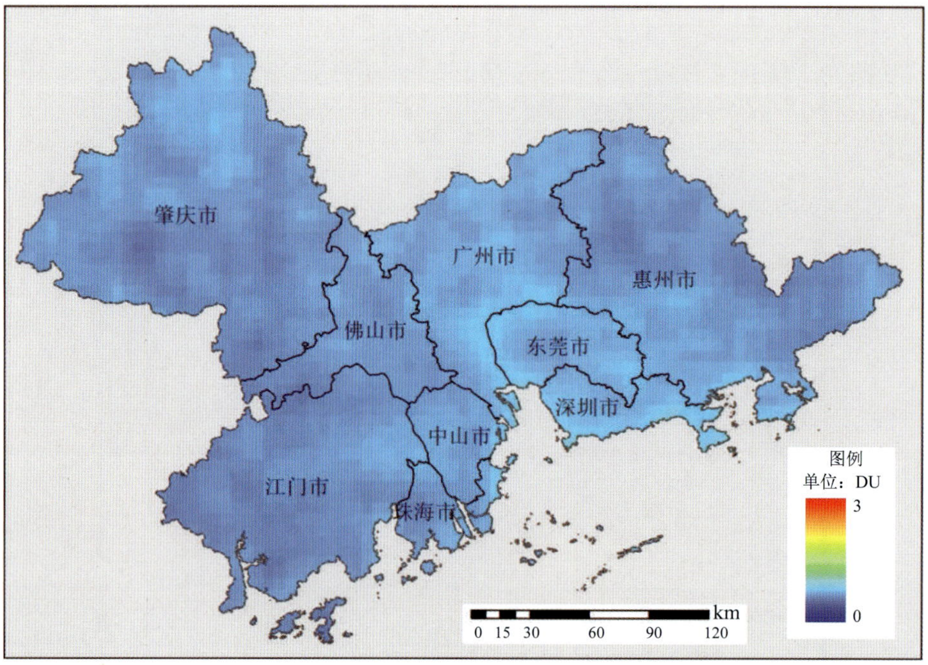

（b）2020 年

2019 年基于 TROPOMI 数据的京津冀 O_3 年均值分布

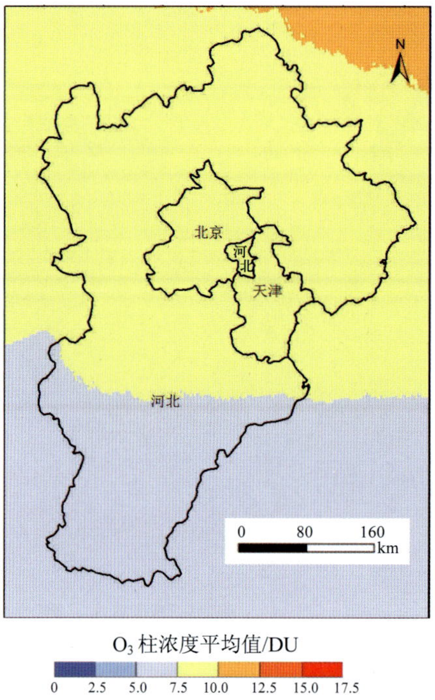

2019 年基于 TROPOMI 数据的长三角 O_3 年均值分布

2.3 小结

城镇污染气体高分遥感与地面观测协同监测主要研究针对气溶胶、颗粒物、二氧化硫、二氧化氮、臭氧等的高分遥感与地面观测协同监测关键技术，地基大气污染物垂直监测关键技术，京津冀大气污染传输和通风廊道模拟关键技术等，构建了我国颗粒物与污染气体等高分遥感与地面观测协同的动态监测技术基础。其研究成果突破了高分遥感与地面观测协同的城镇污染气体与颗粒物动态监测关键技术、京津冀大气污染传输和通风廊道模拟关键技术，解决了城镇复杂地表高反射噪声与气溶胶多次散射引起污染气体反演的不确定性等技术难题，研发了城镇污染气体高分遥感监测分系统，将卫星反演二氧化氮、二氧化硫垂直柱浓度的精度提高到 70%，实现了城镇污染气体高精度综合监测，揭示了京津冀及北京城区通风廊道规律，为我国大气污染防治、大气环境监管奠定了新型技术基础。

3

城镇水体水质高分遥感与地面观测协同监测

3.1 城镇黑臭水体协同监测

城镇黑臭水体高分遥感与地面观测协同动态监测是以高分辨率观测卫星数据为主要数据源，再结合地面遥感实验和水质观测开展城镇黑臭水体遥感信息机理研究，并基于深度学习等方法构建色度指标、CDOM（有色溶解性有机质）荧光指标、吸收系数指标、光谱特征指标等黑臭水体指标的星地协同定量反演模型，它建立了城镇黑臭水体遥感识别指标，实现了城镇黑臭水体遥感识别。

2018 年 4 月—2019 年 8 月基于高分二号卫星数据的南京市黑臭水体分级

（a）2018 年 4 月 9 日

（b）2018 年 10 月 6 日

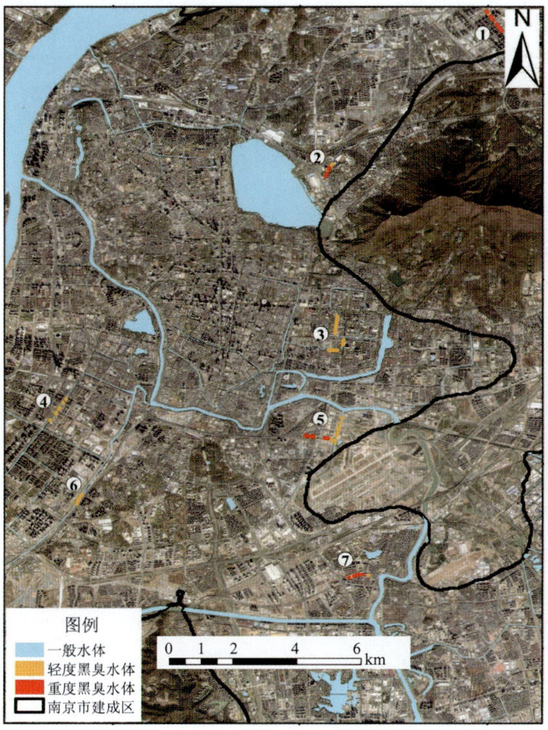

（c）2019 年 2 月 4 日

（d）2019 年 5 月 10 日

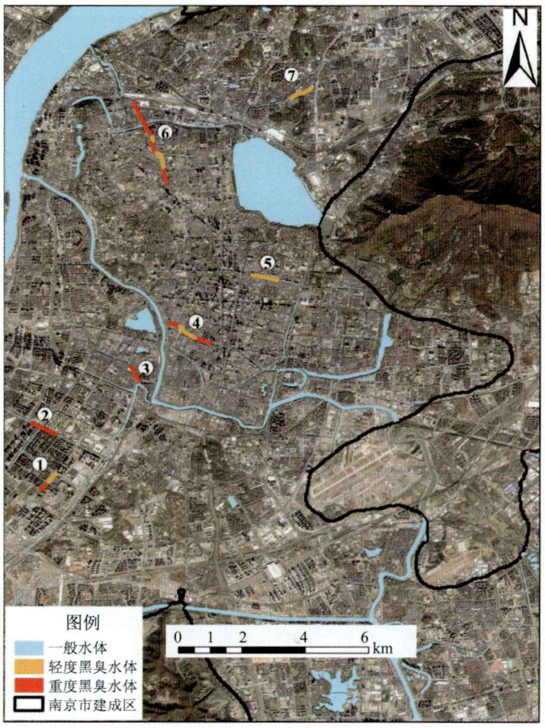

（e）2019 年 8 月 7 日

基于高分一号卫星数据的太原市黑臭水体遥感识别

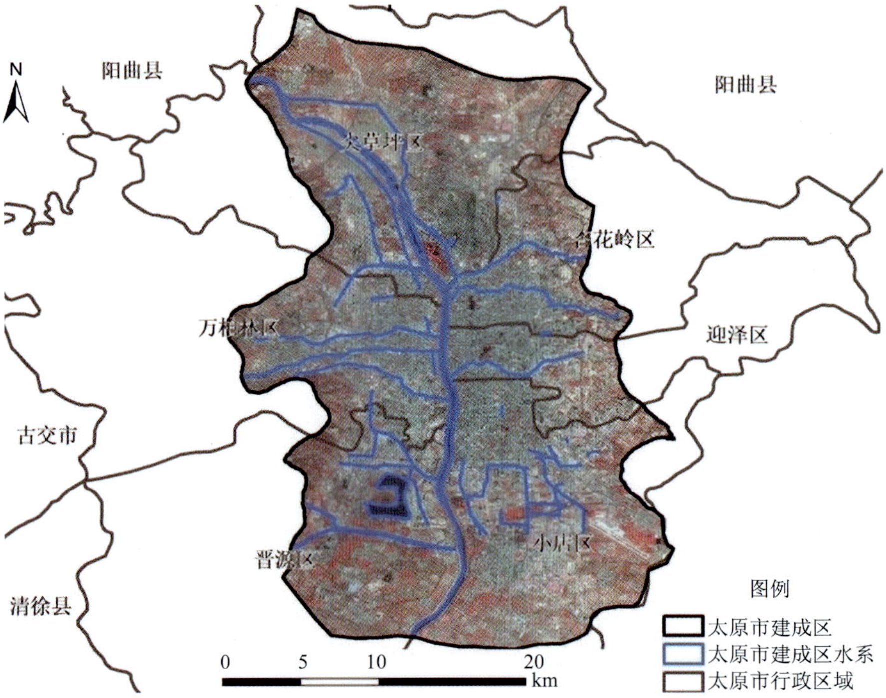

（a）太原市建成区和水域提取结果

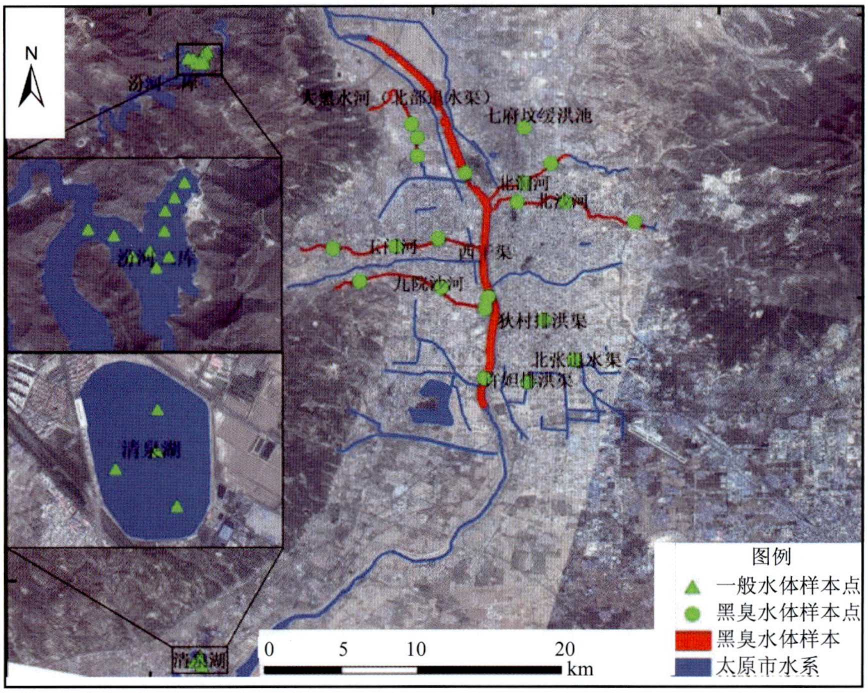

（b）太原市黑臭水体与一般水体样本点分布

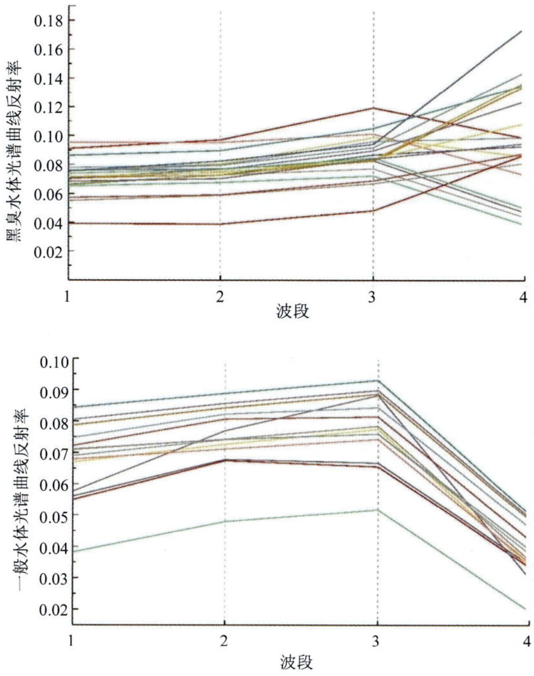

(c）太原市黑臭水体与一般水体光谱曲线

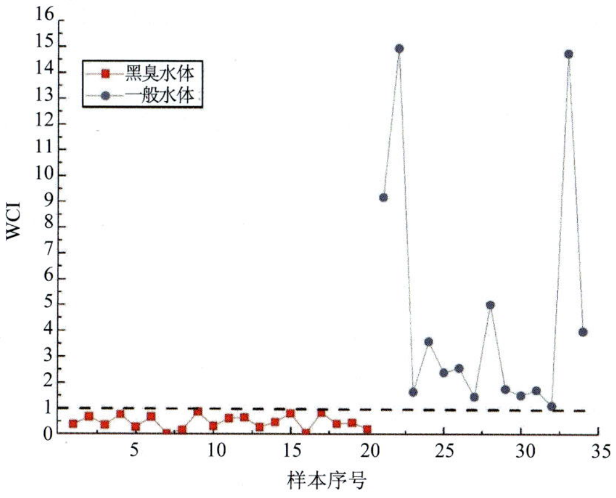

(d）黑臭水体与一般水体清洁指数（WCI）

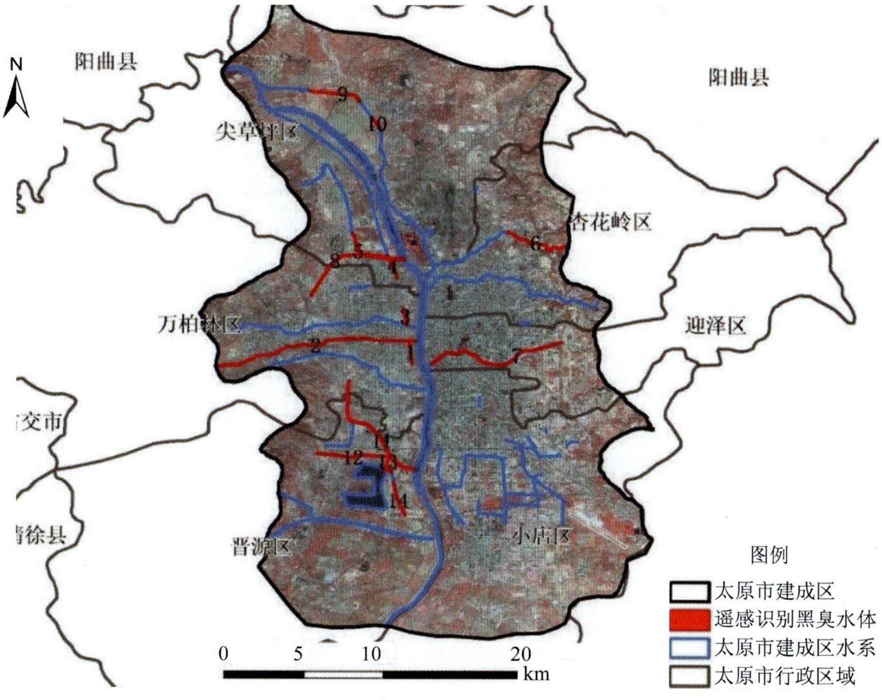

(e）太原市黑臭水体遥感识别结果

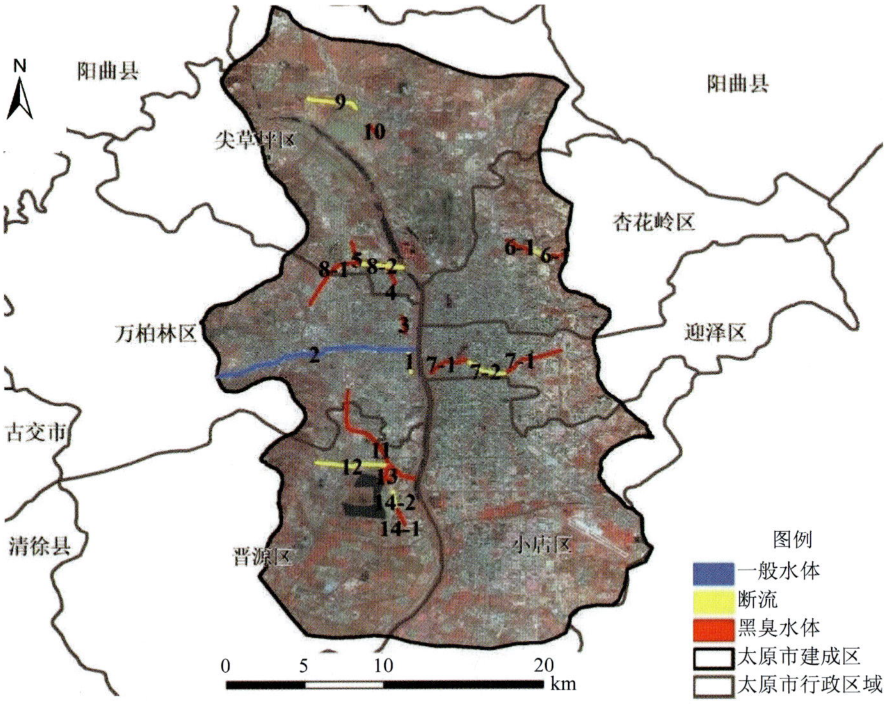

（f）太原市黑臭水体验证结果

基于高分一号卫星数据的深圳市黑臭水体遥感识别

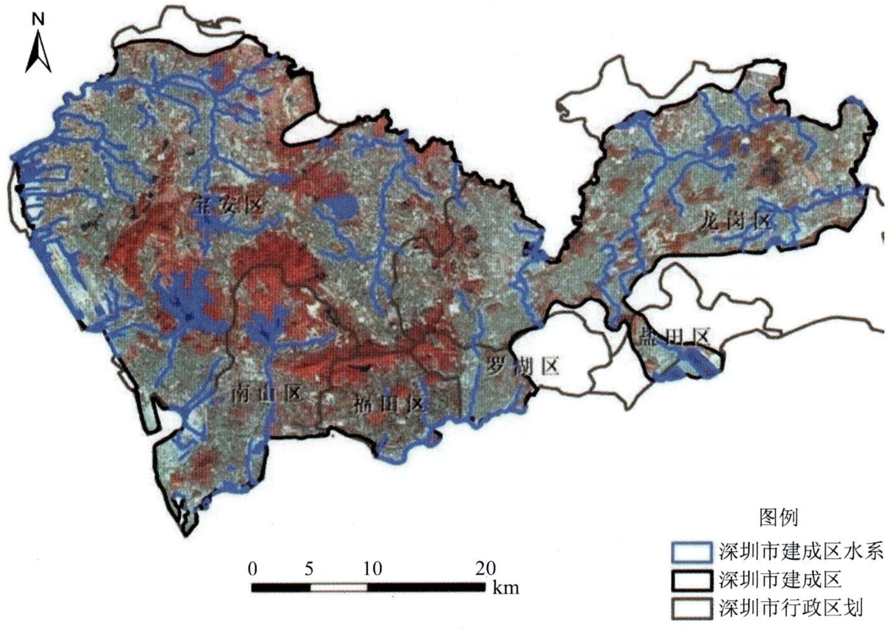

（a）深圳市建成区和水域提取结果

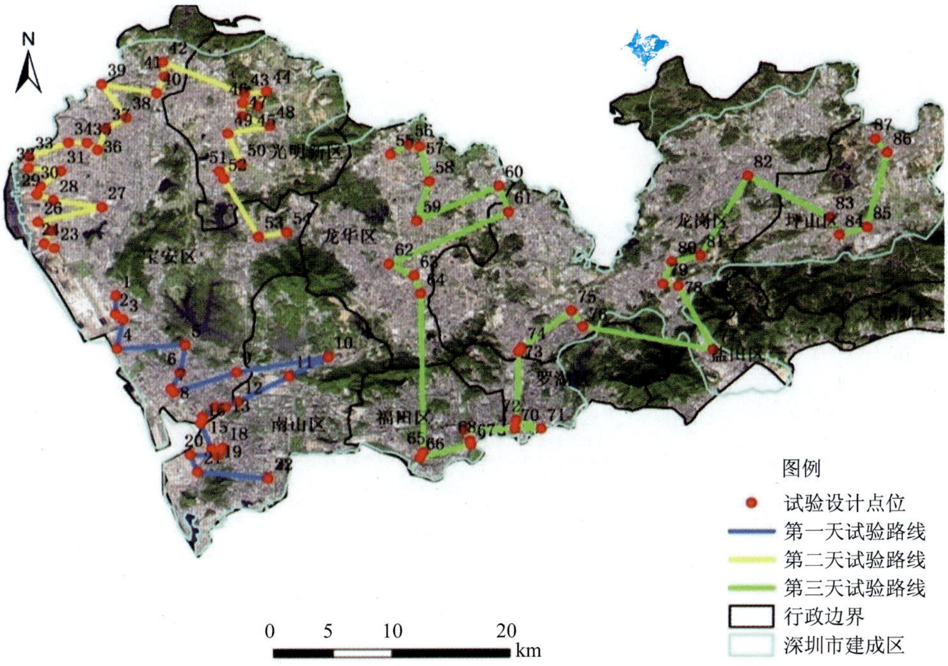

（b）深圳市黑臭水体实地验证采样轨迹

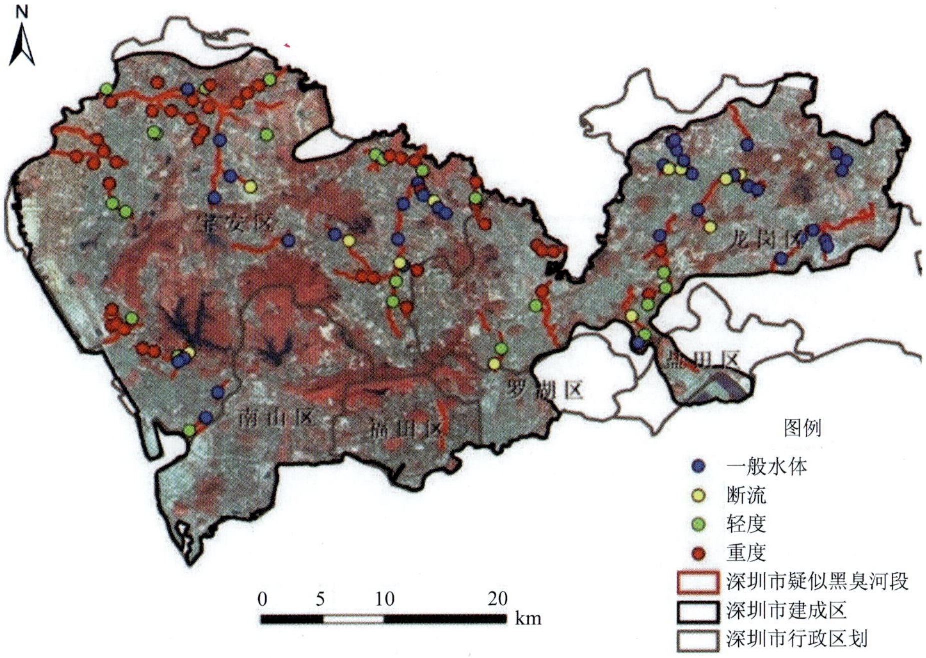

（c）深圳市黑臭水体遥感识别结果

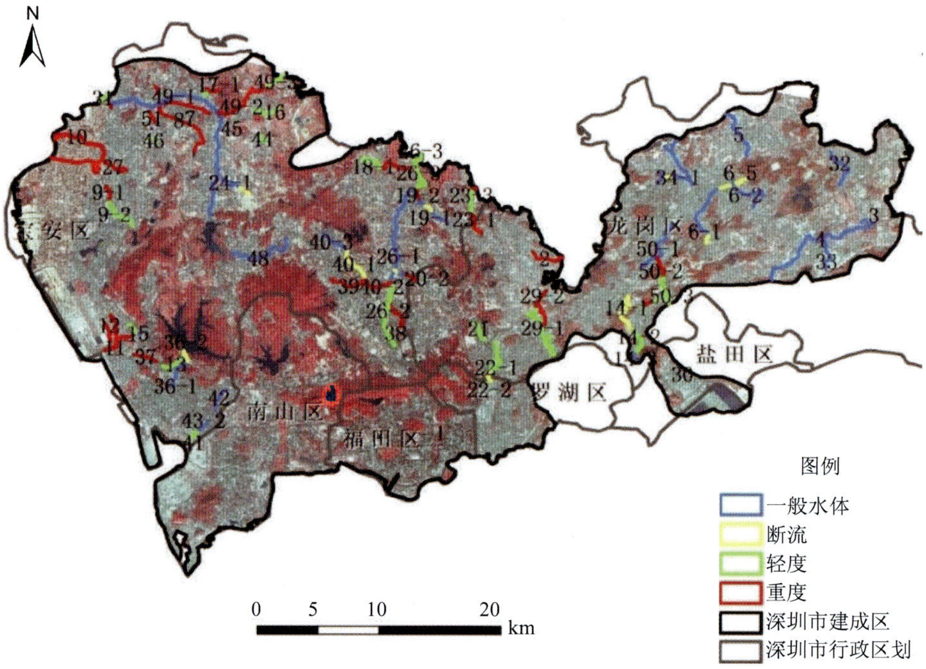

（d）深圳市黑臭水体验证结果

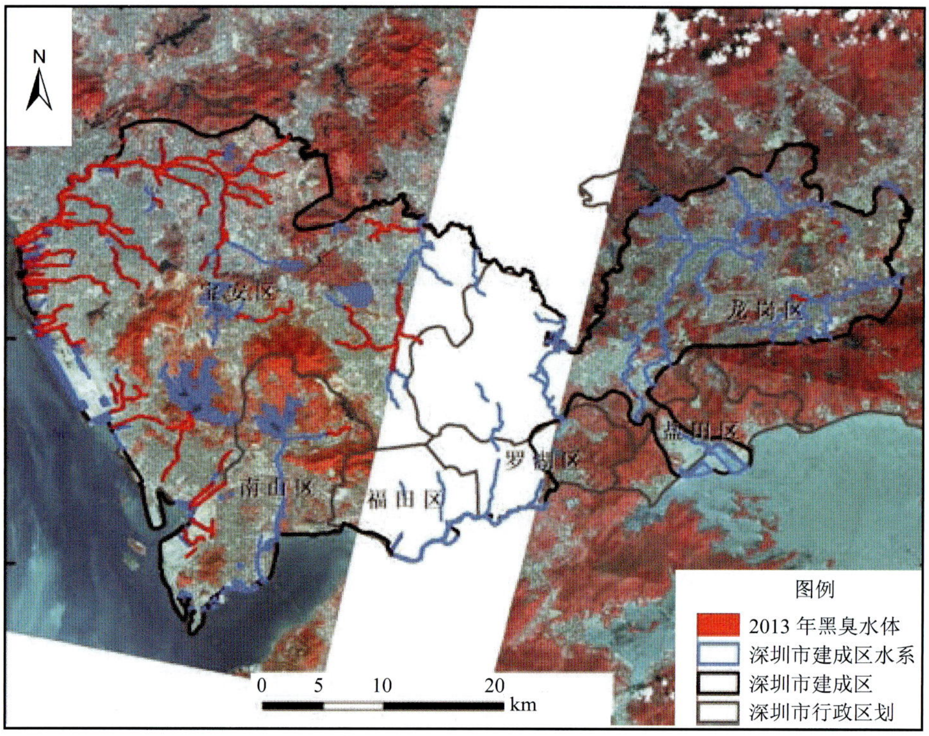

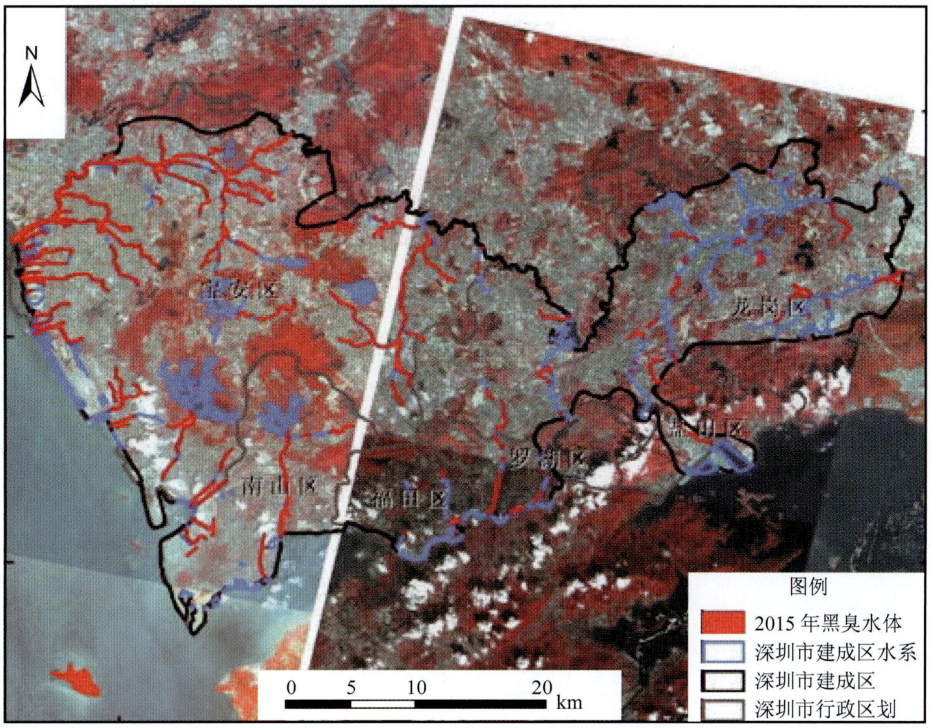
N
宝安区
龙岗区
盐田区
罗湖区
南山区
福田区
图例
2015 年黑臭水体
深圳市建成区水系
深圳市建成区
深圳市行政区划
0 5 10 20
km

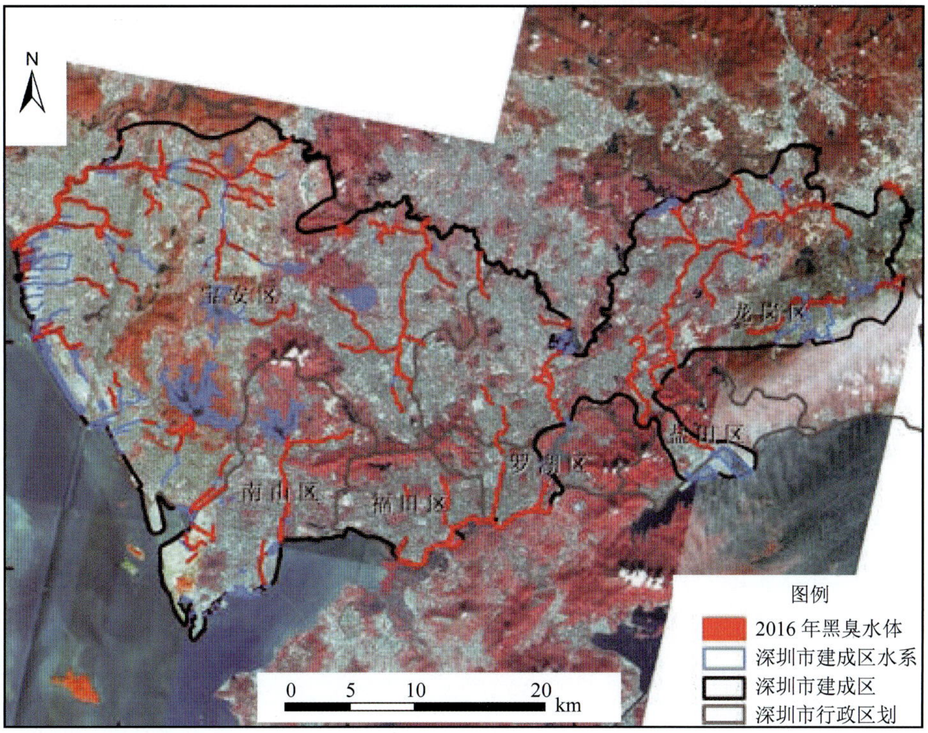
N
宝安区
龙岗区
盐田区
罗湖区
南山区
福田区
图例
2016 年黑臭水体
深圳市建成区水系
深圳市建成区
深圳市行政区划
0 5 10 20
km

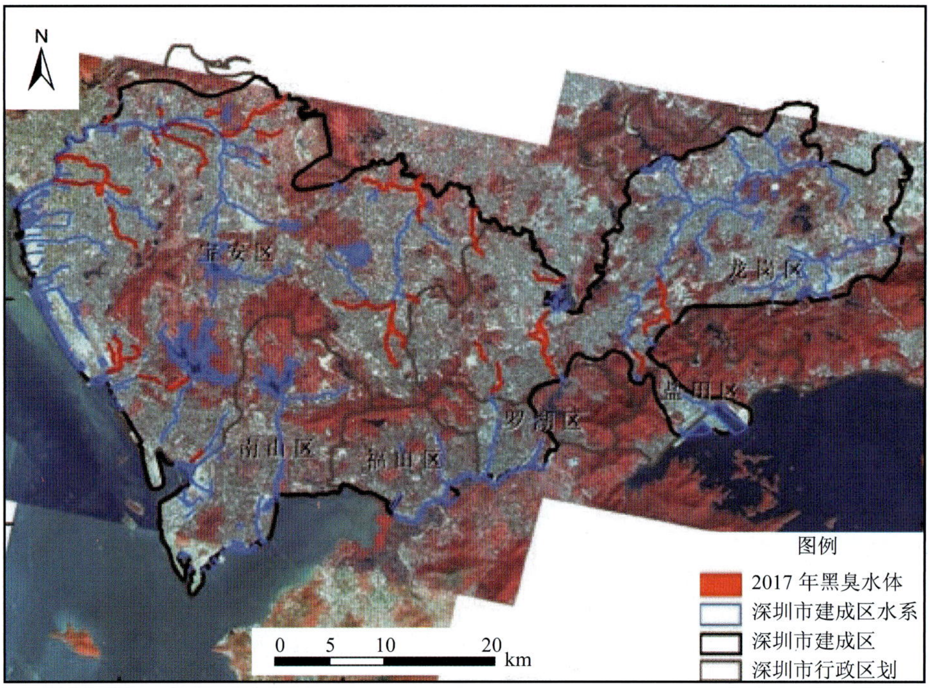

（e）不同年份深圳市黑臭水体识别结果

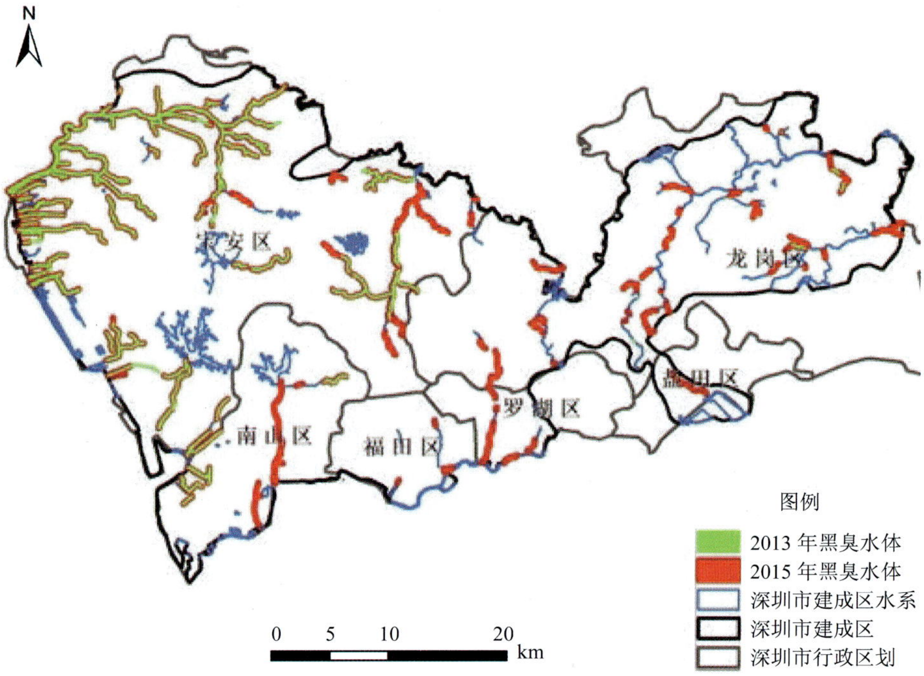

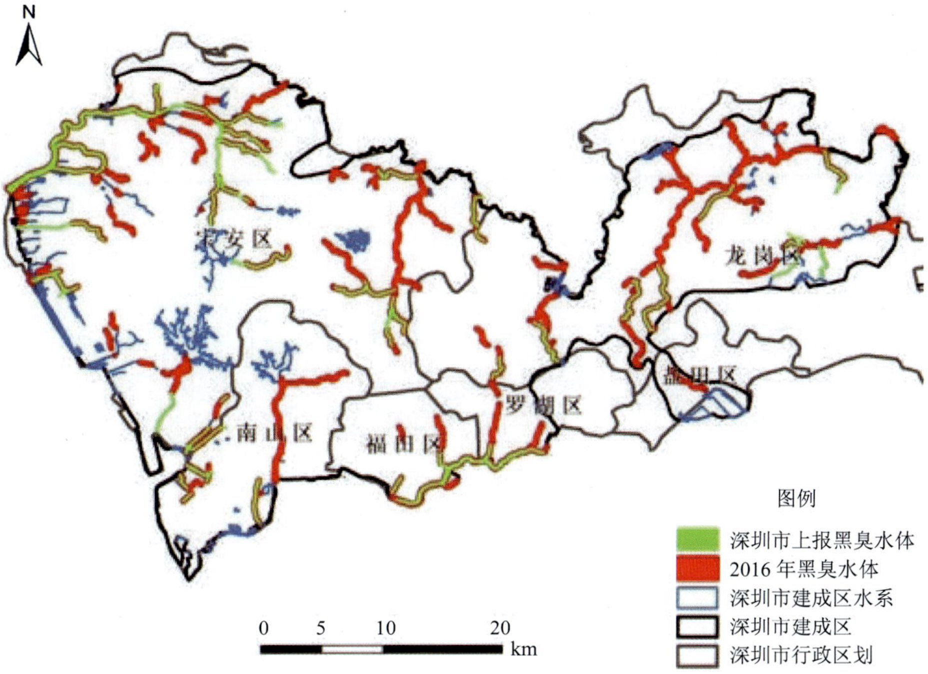
N
宝安区
南山区
福田区
罗湖区
龙岗区
盐田区
图例
深圳市上报黑臭水体
2016 年黑臭水体
深圳市建成区水系
深圳市建成区
深圳市行政区划
0 5 10 20
km

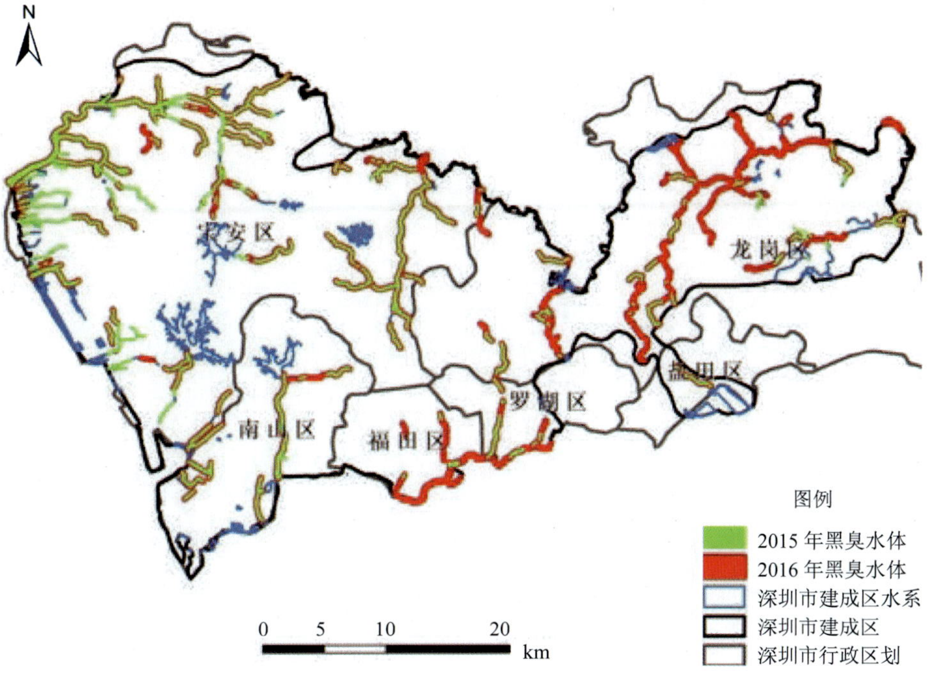
N
宝安区
南山区
福田区
罗湖区
龙岗区
盐田区
图例
2015 年黑臭水体
2016 年黑臭水体
深圳市建成区水系
深圳市建成区
深圳市行政区划
0 5 10 20
km

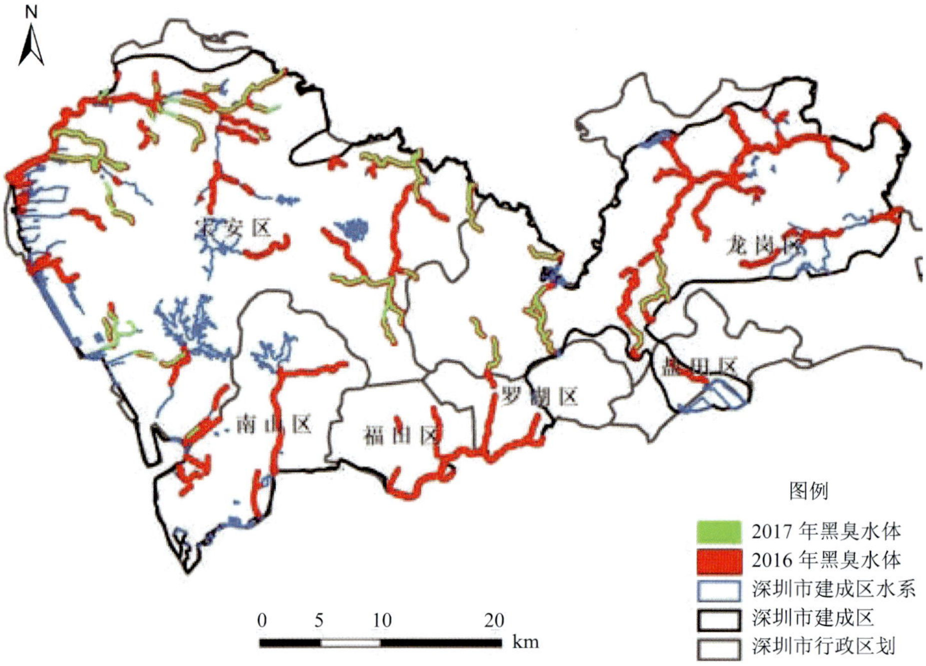

（f）深圳市黑臭水体变化特征分析

2018 年青岛市即墨区疑似黑臭水体遥感信息提取

3.2 饮用水水源地水质协同监测

饮用水水源地水质高分遥感与地面观测协同动态监测结合高空间分辨率、高光谱分辨率卫星数据特点，研究饮用水水源地水体光学特征，以叶绿素 a（Chla）浓度、总悬浮物（TSM）浓度、透明度（SD）、化学需氧量（COD）、总磷（TP）浓度为参数反演指标，通过经验模型、机器学习、机理模型等方法进行对比分析，研究了基于数据同化的高分遥感数据与地面观测协同的参数反演方法，构建了叶绿素 a 浓度等遥感反演模型。

2014 年 7 月 29 日基于高分一号卫星数据的杭州市千岛湖水域分布

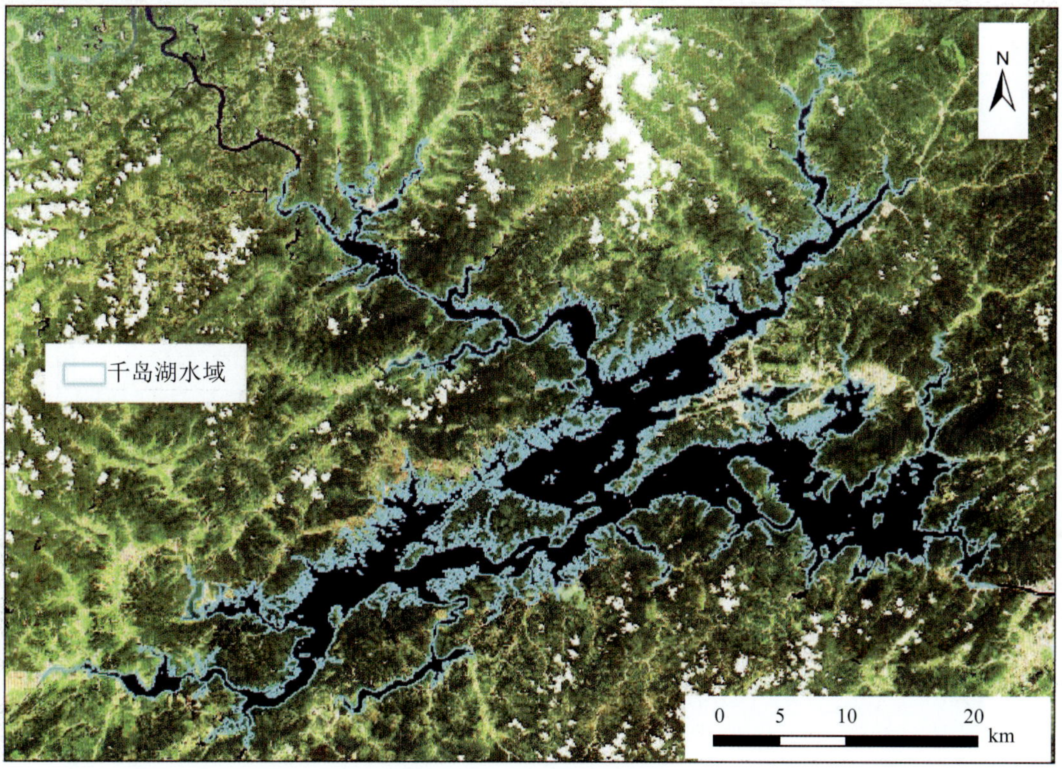

2014 年、2018 年基于高分一号卫星数据的杭州市千岛湖叶绿素 a 分布

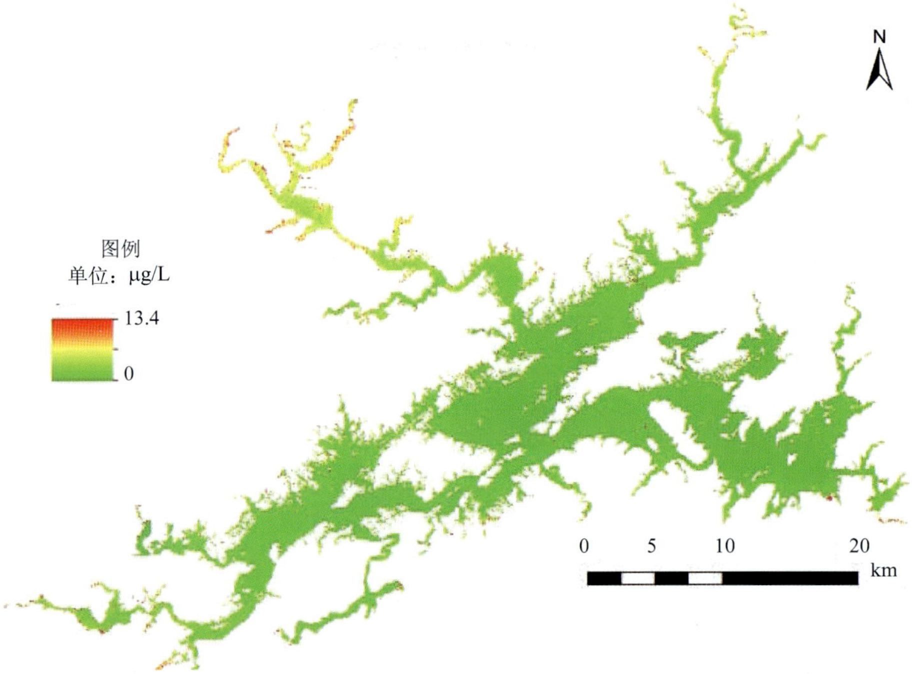

（a）2014 年 7 月 29 日

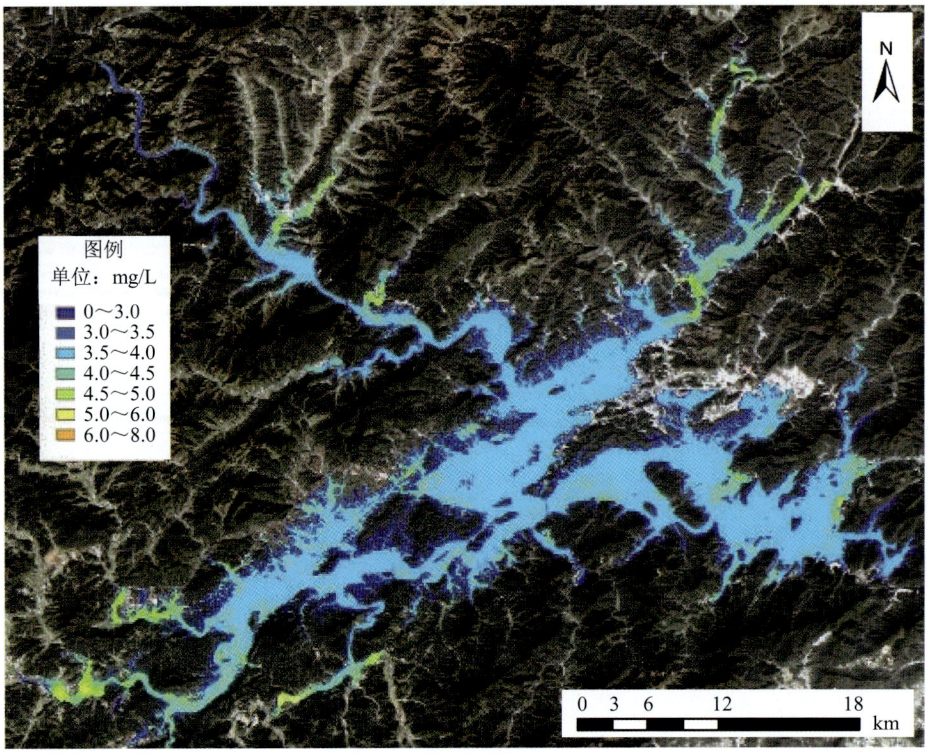

（b）2018 年 10 月 27 日

2014 年、2018 年基于高分一号卫星数据的杭州市千岛湖化学需氧量分布

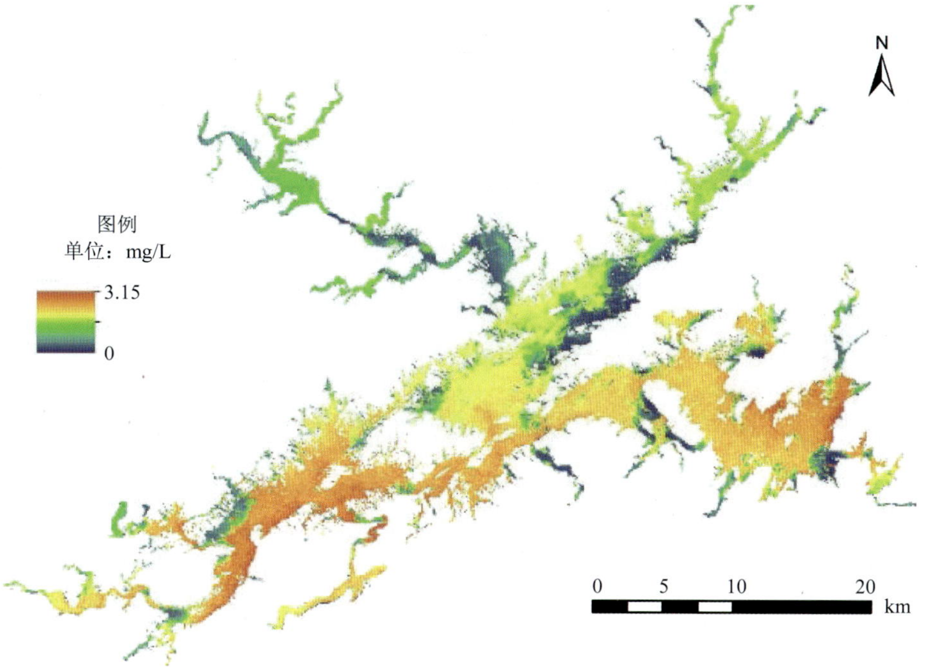

（a）2014 年 7 月 29 日

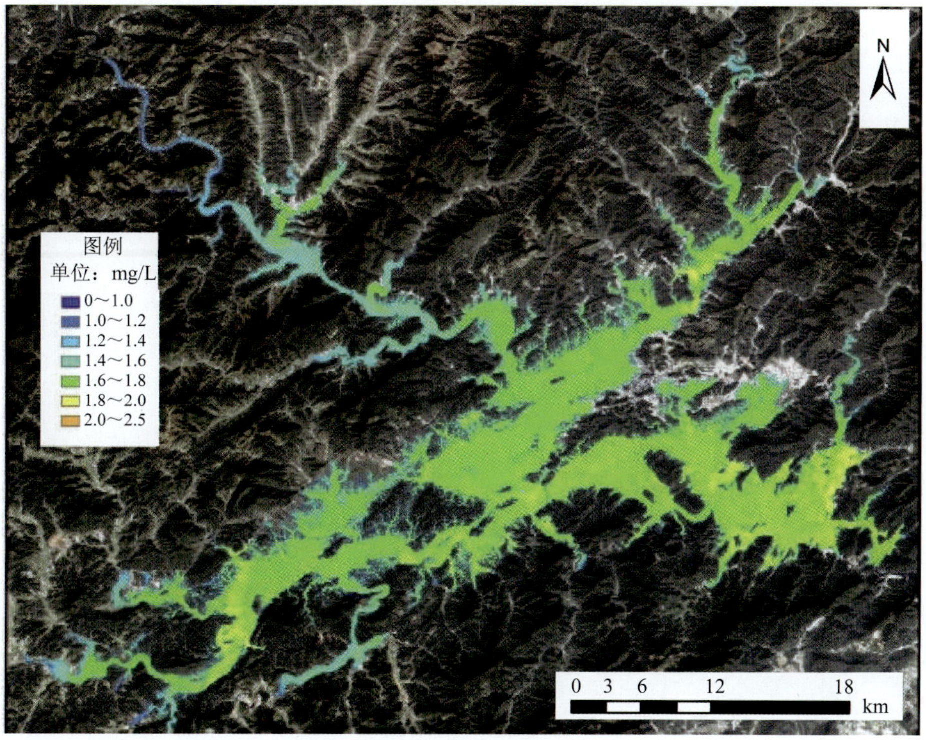

（b）2018 年 10 月 27 日

2014 年、2018 年基于高分一号卫星数据的杭州市千岛湖水体透明度分布

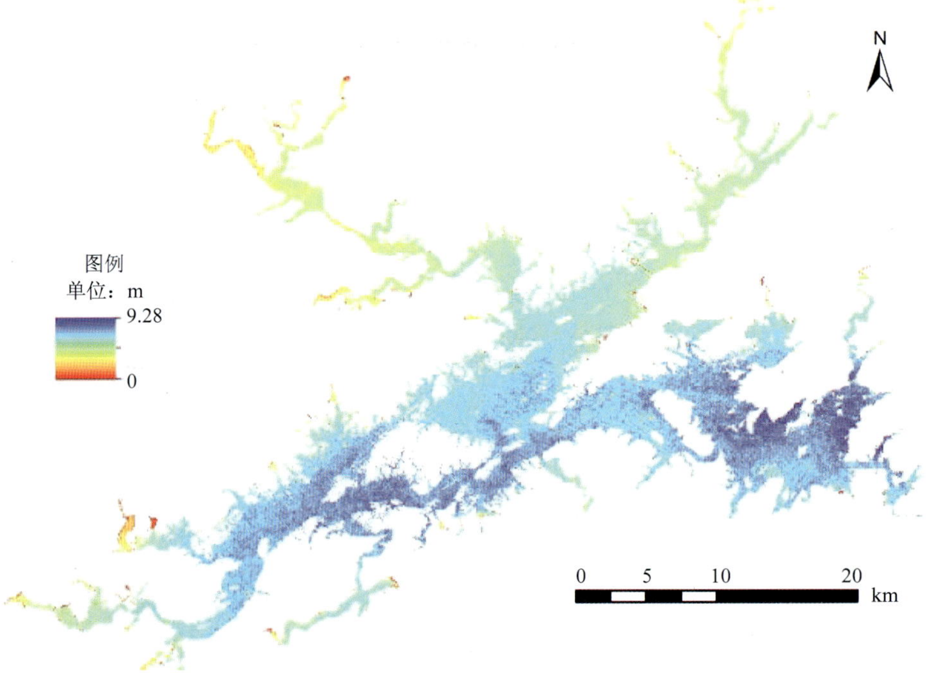

（a）2014 年 7 月 29 日

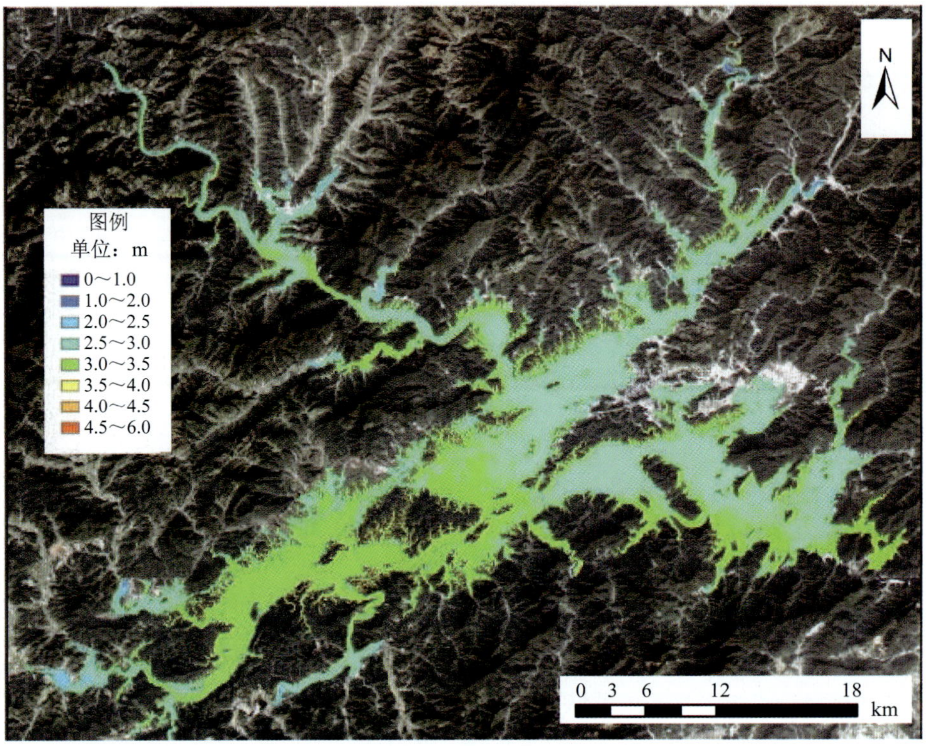

（b）2018 年 10 月 27 日

km

2014 年、2018 年基于高分一号卫星数据的杭州市千岛湖总磷分布

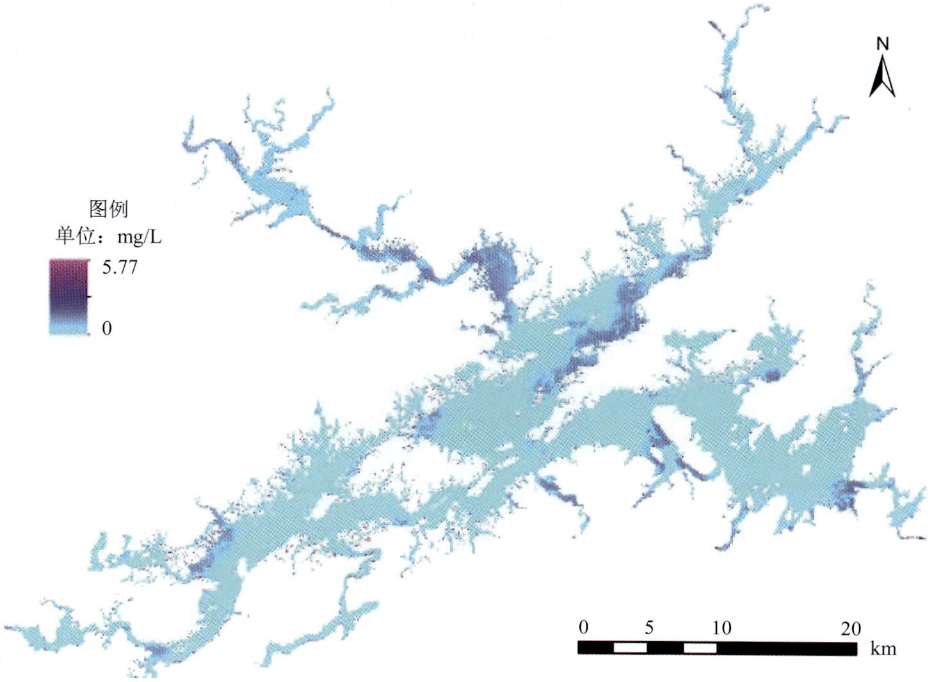

（a）2014 年 7 月 29 日

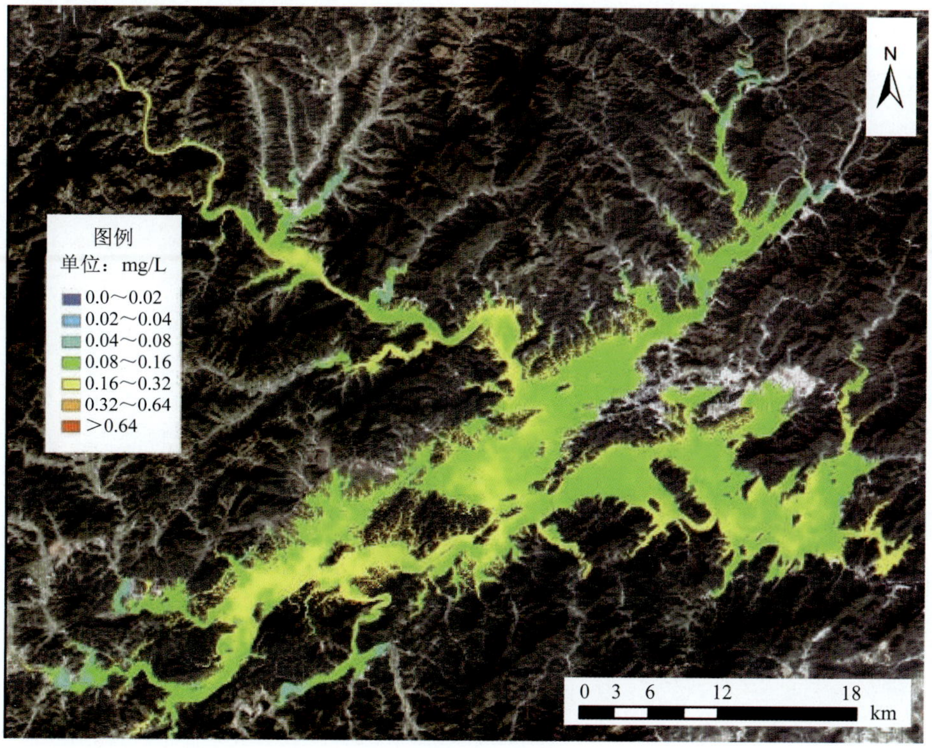

（b）2018 年 10 月 27 日

2014 年、2018 年基于高分一号卫星数据的杭州市千岛湖悬浮物分布

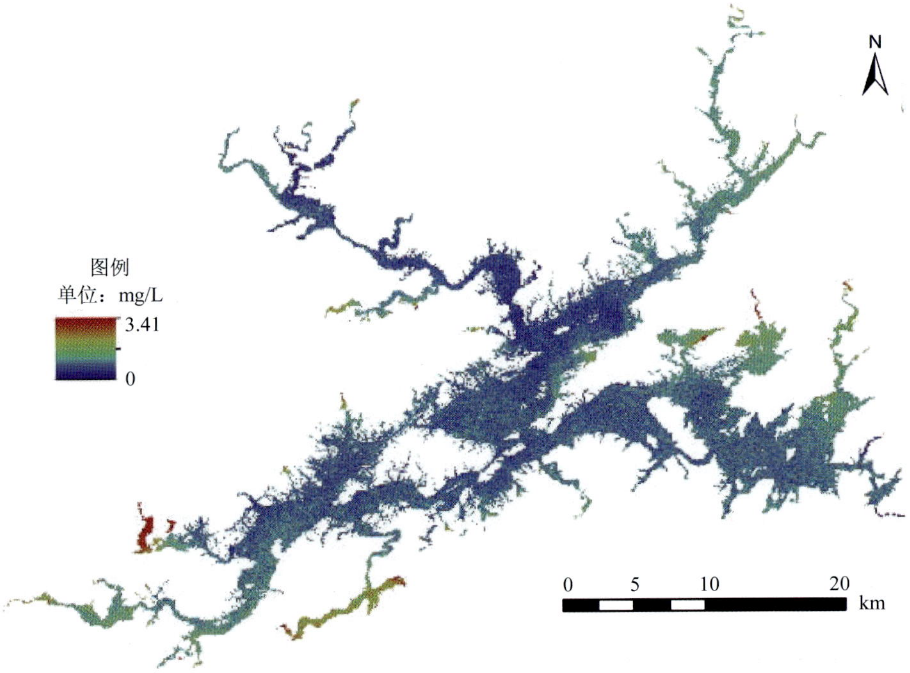

（a）2014 年 7 月 29 日

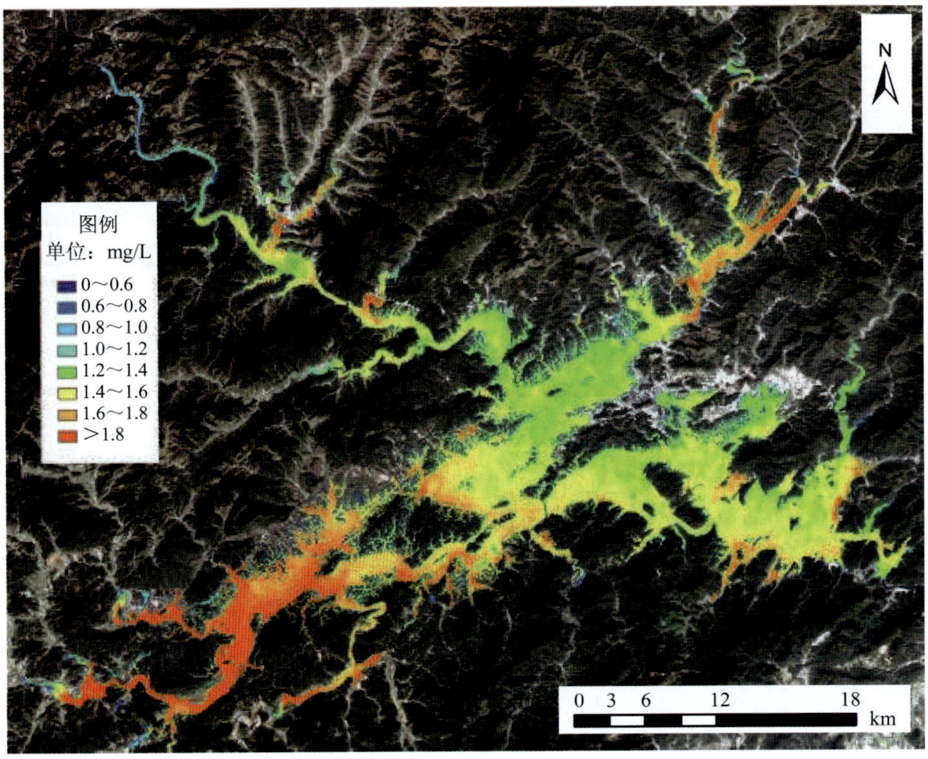

（b）2018 年 10 月 27 日

2015 年、2018 年基于高分一号卫星数据的南京市夹江化学需氧量分布

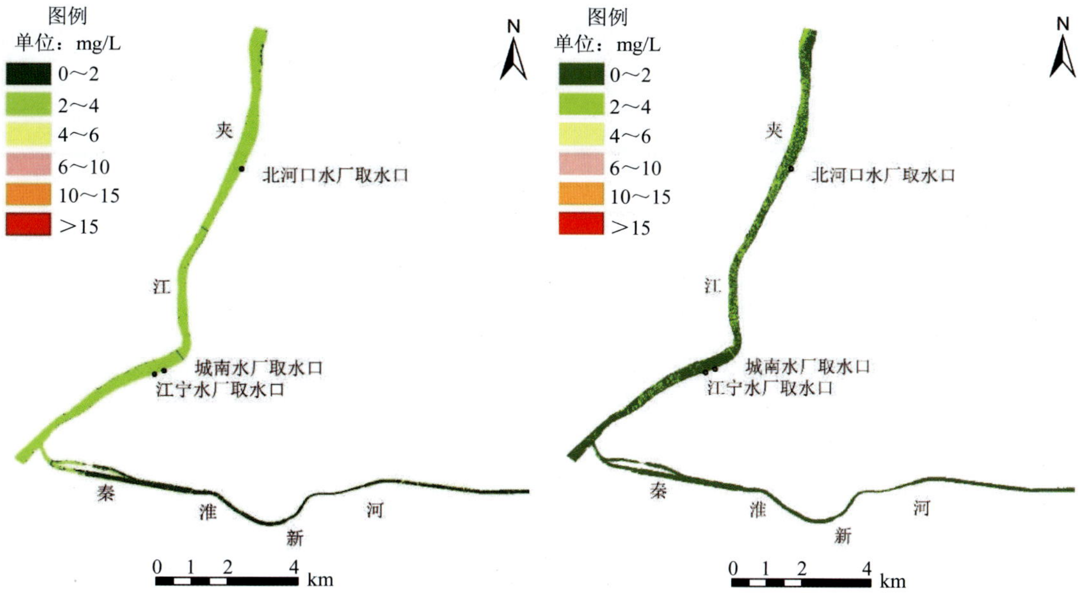

（a）2015 年 4 月 22 日　　（b）2018 年 4 月 25 日

2015 年、2018 年基于高分一号卫星数据的南京市夹江总氮分布

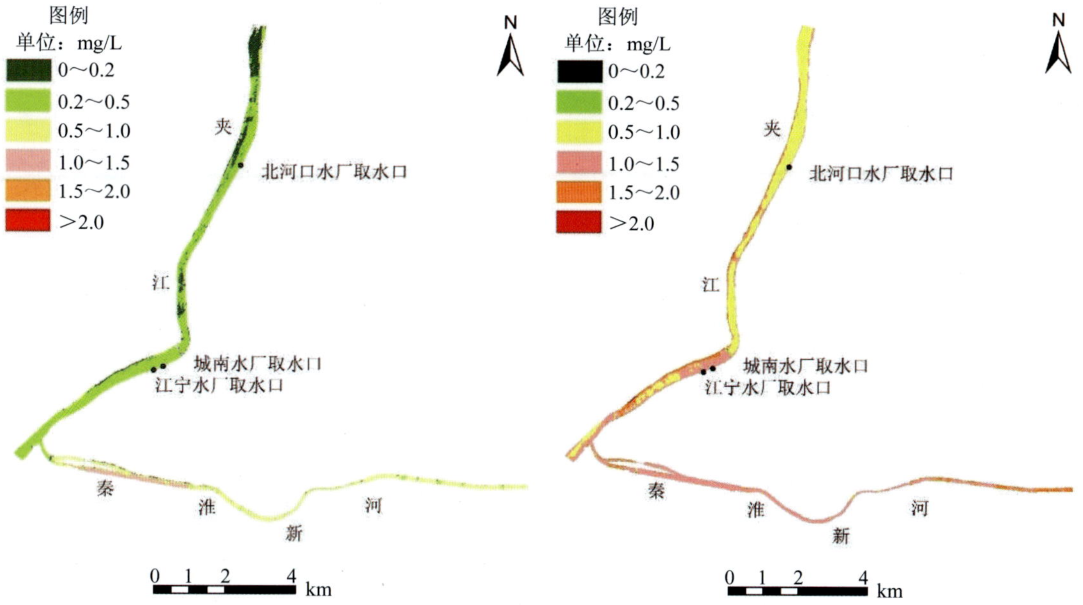

（a）2015 年 4 月 22 日　　（b）2018 年 4 月 25 日

2015 年、2018 年基于高分一号卫星数据的南京市夹江总磷分布

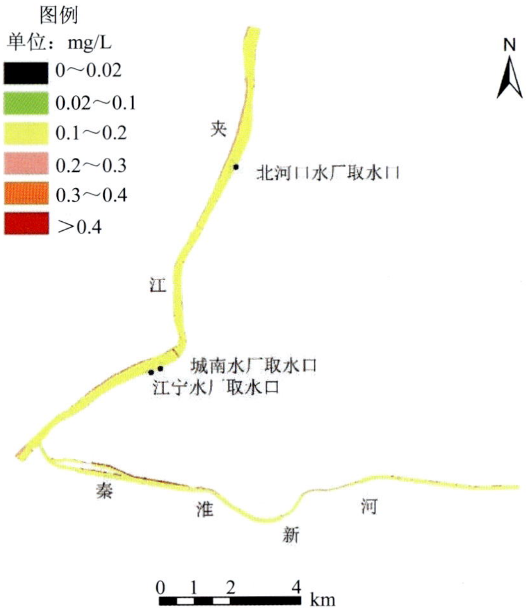

（a）2015 年 4 月 22 日

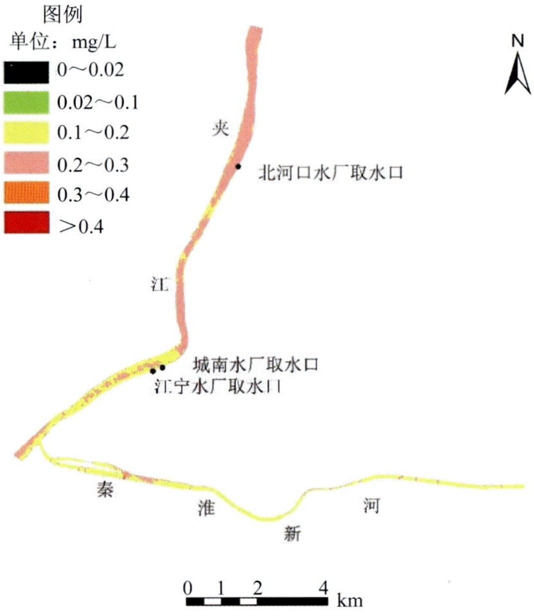

（b）2018 年 4 月 25 日

2018 年、2020 年基于高分卫星数据的日照市南湖镇马陵水库透明度分布

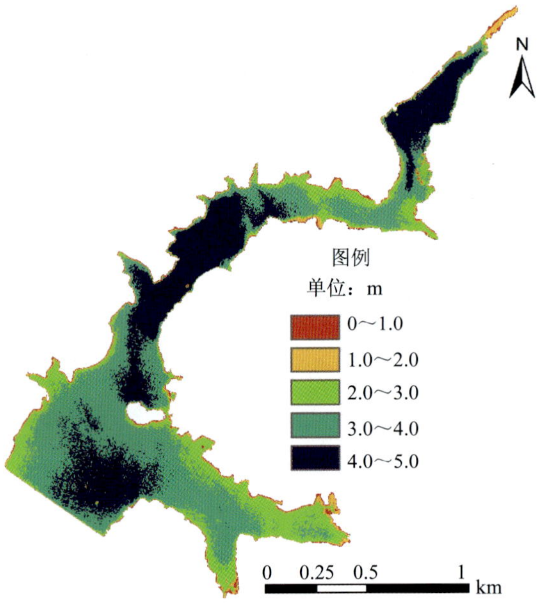

（a）2018 年 4 月（高分二号）

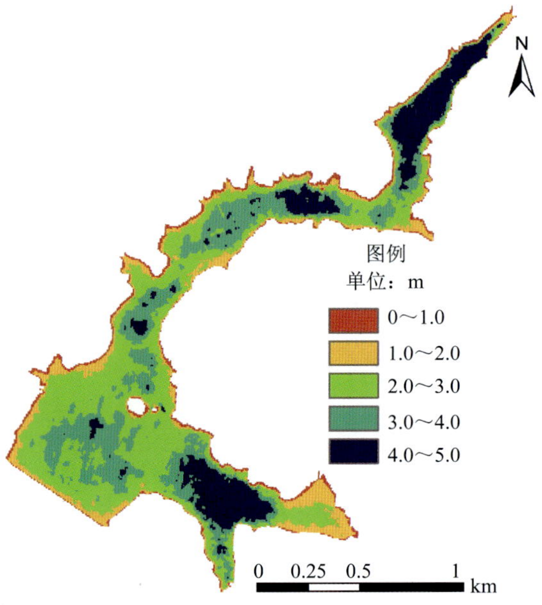

（b）2020 年 3 月（高分六号）

2018 年、2020 年基于高分卫星数据的日照市南湖镇马陵水库悬浮物浓度分布

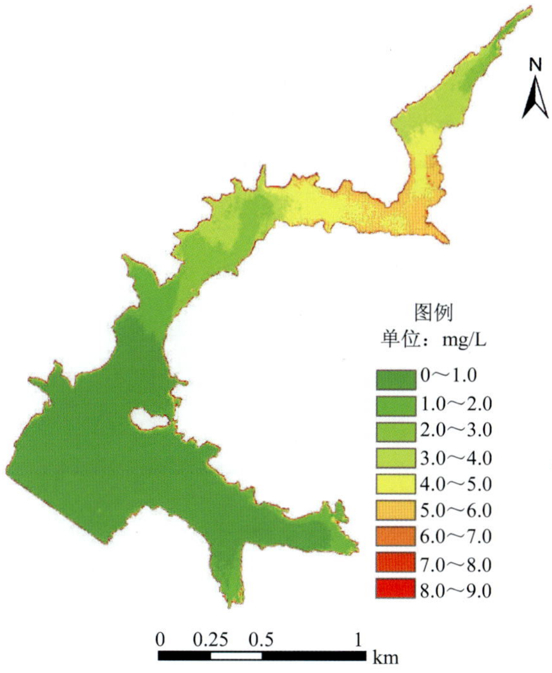

（a）2018 年 4 月（高分二号）

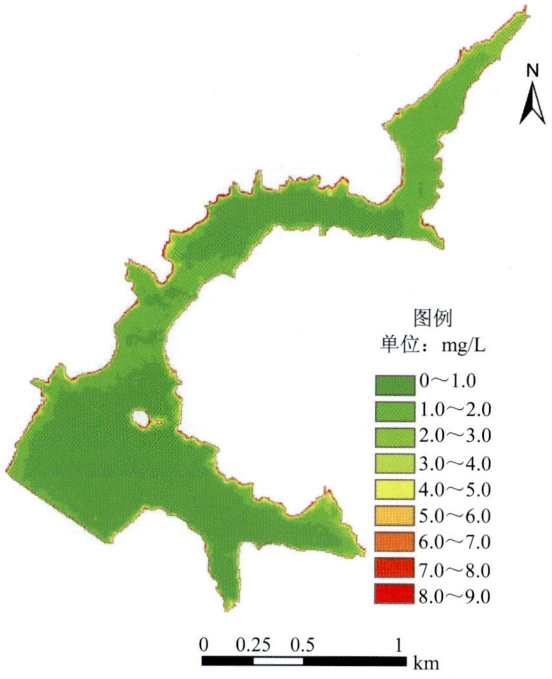

（b）2020 年 3 月（高分六号）

2018 年、2020 年基于高分卫星数据的日照市南湖镇马陵水库叶绿素 a 浓度分布

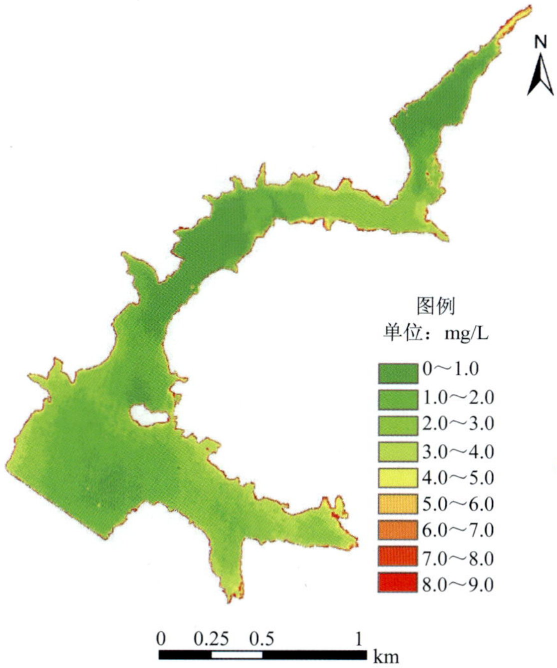

（a）2018 年 4 月（高分二号）

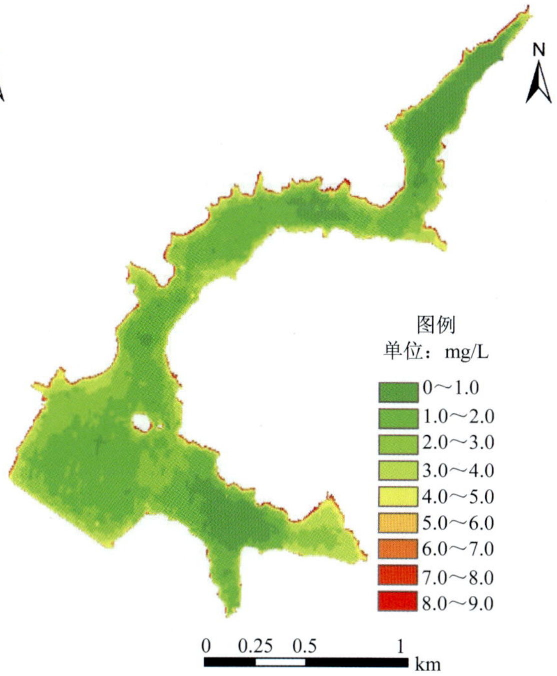

（b）2020 年 3 月（高分六号）

2017 年、2020 年基于高分卫星数据的温州市苍南县吴家园水库叶绿素 a 浓度分布

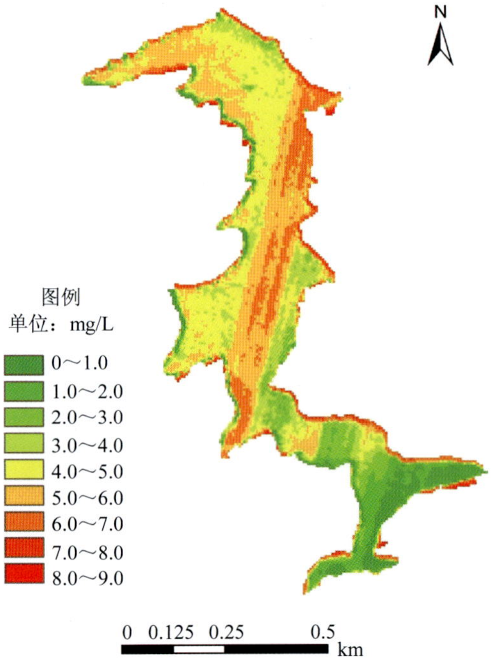

（a）2017 年 10 月（高分一号）

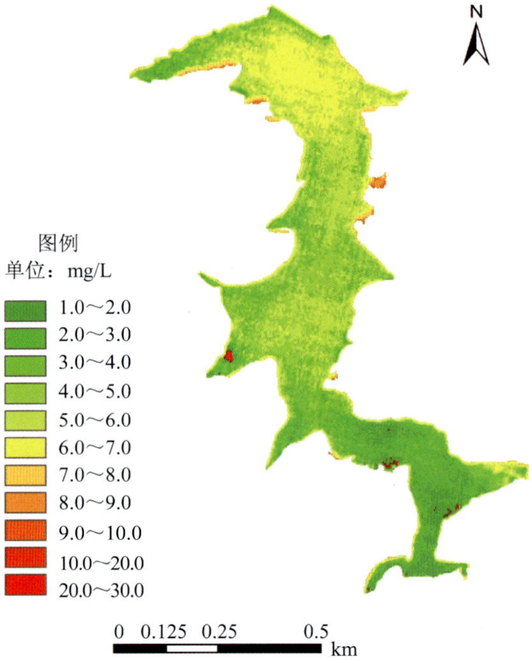

（b）2020 年 10 月（高分二号）

2017 年、2020 年基于高分卫星数据的温州市苍南县吴家园水库透明度分布

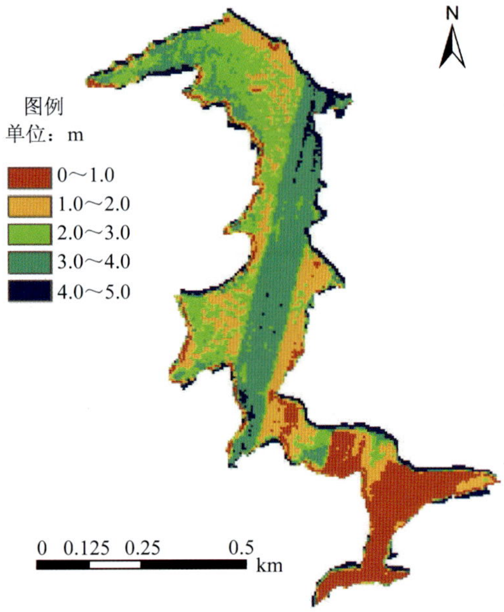

（a）2017 年 10 月（高分一号）

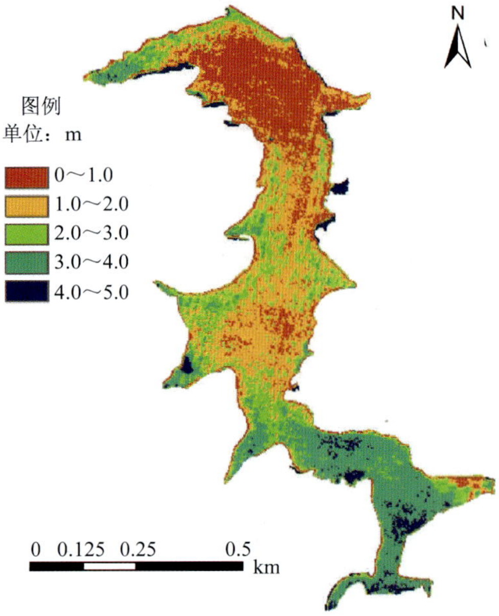

（b）2020 年 10 月（高分二号）

2017 年、2020 年基于高分卫星数据的温州市苍南县吴家园水库悬浮物浓度分布

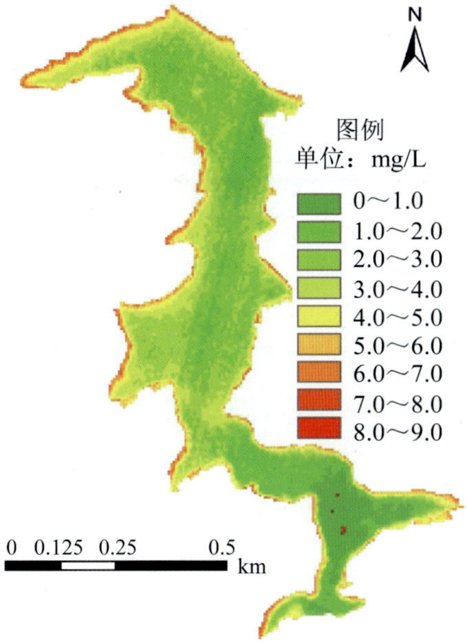

（a）2017 年 10 月（高分一号）

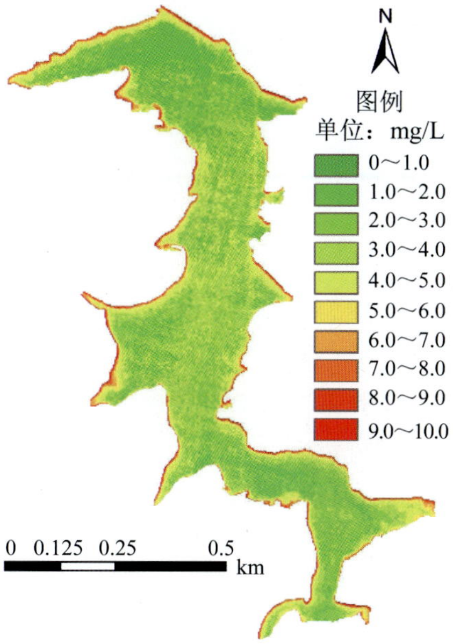

（b）2020 年 10 月（高分二号）

2017 年、2020 年基于高分卫星数据的温州市苍南县吴家园水库总磷浓度分布

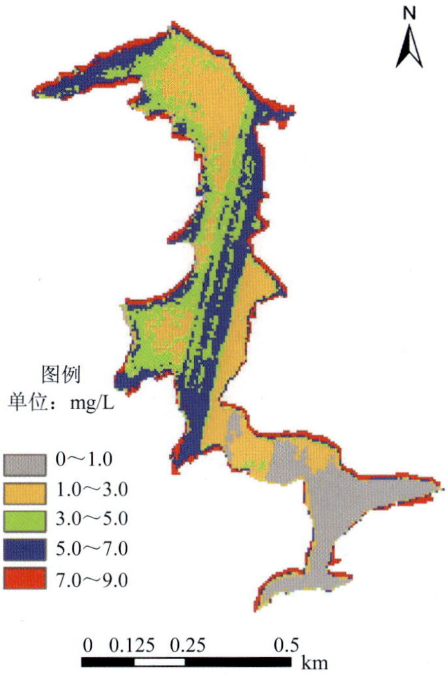

（a）2017 年 10 月（高分一号）

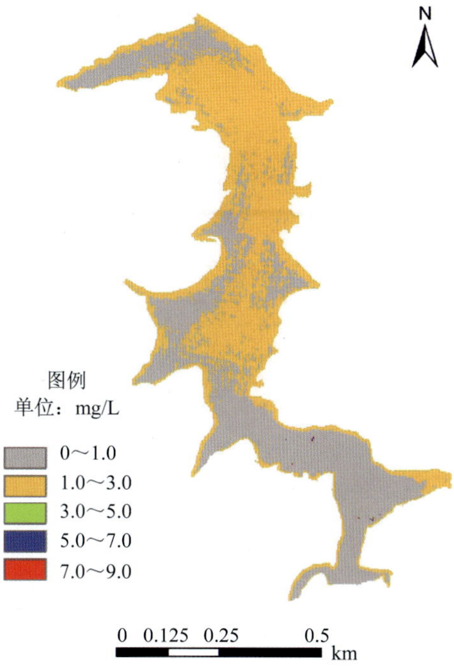

（b）2020 年 10 月（高分二号）

2018 年、2020 年基于高分卫星数据的日照市南湖镇马陵水库总磷浓度分布

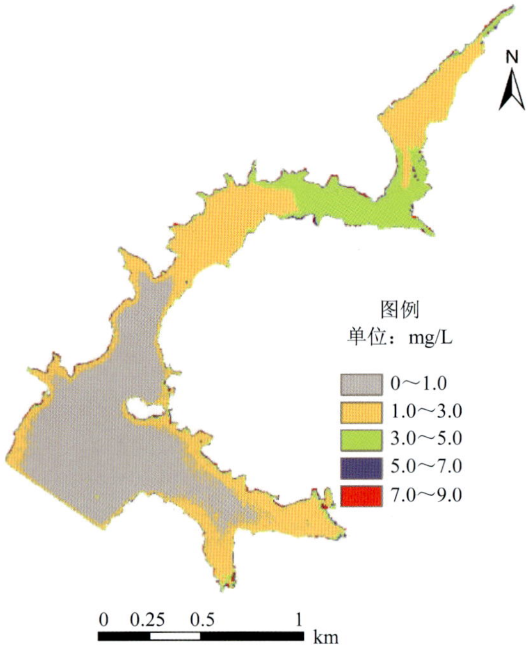

（a）2018 年 4 月（高分二号）

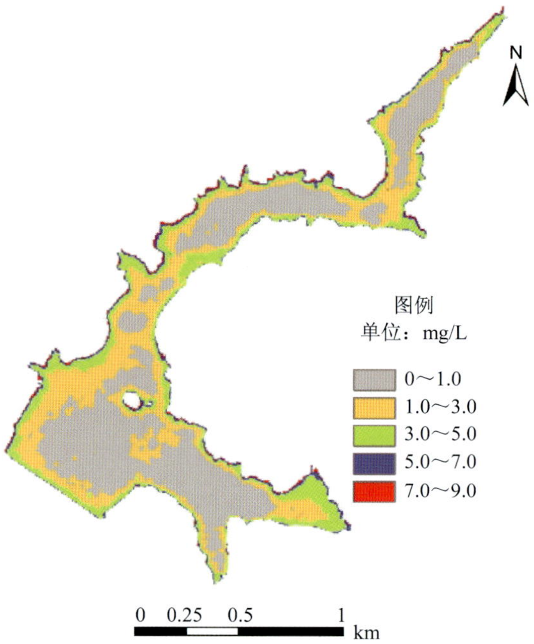

（b）2020 年 3 月（高分六号）

2017—2020 年基于 Landsat 卫星 OLI* 数据的北京市密云水库化学需氧量分布

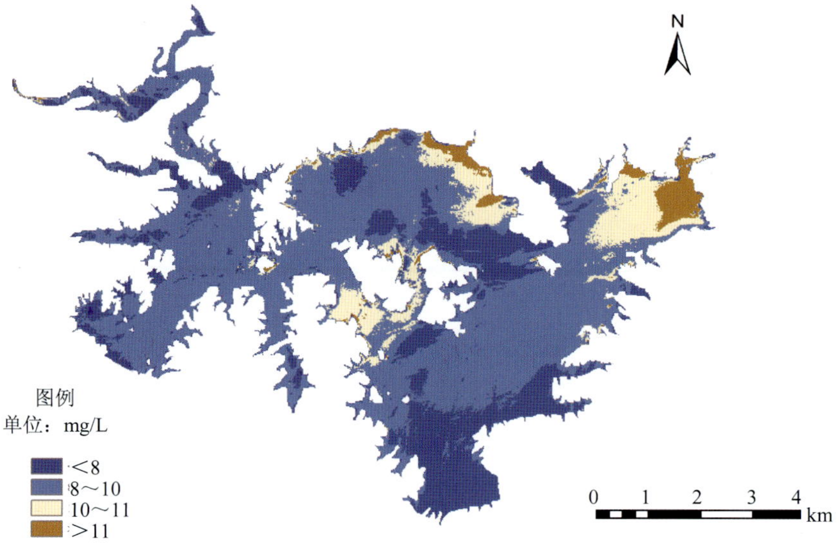

（a）2017 年 7 月

* OLI 是 Operational Land Imager 的缩写，即陆地成像仪。

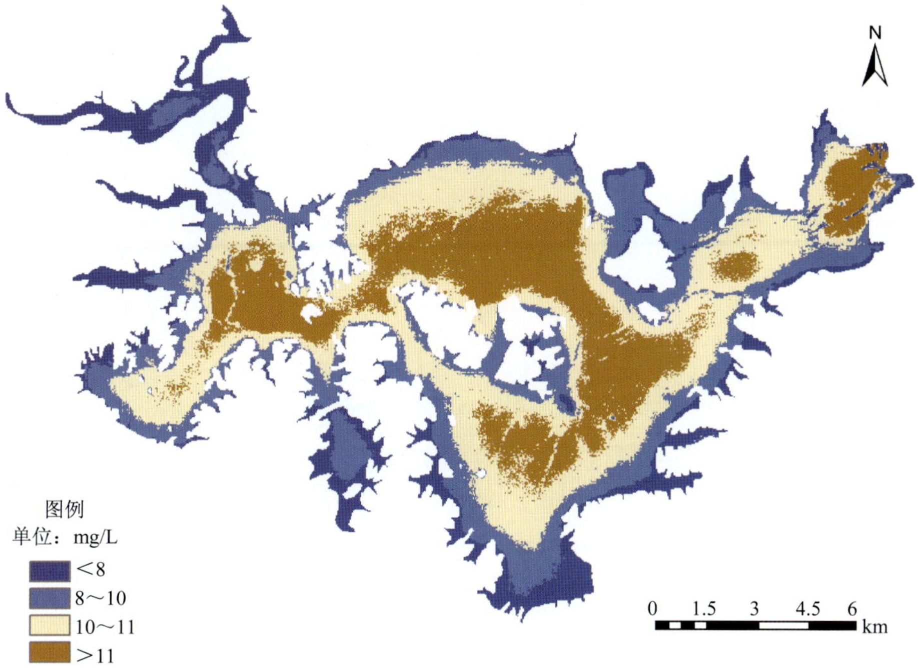

（b）2018 年 7 月

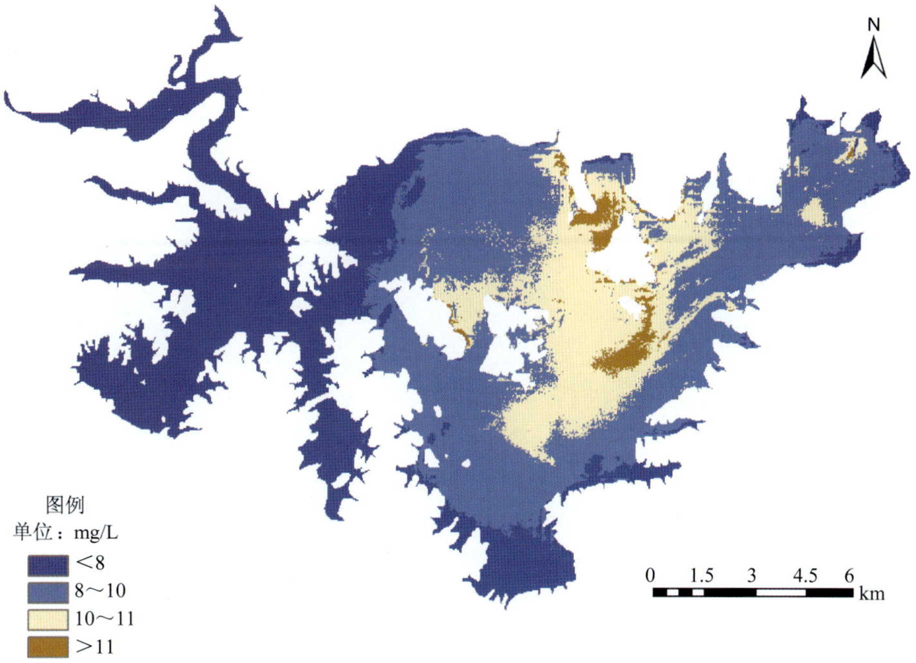

（c）2019 年 8 月

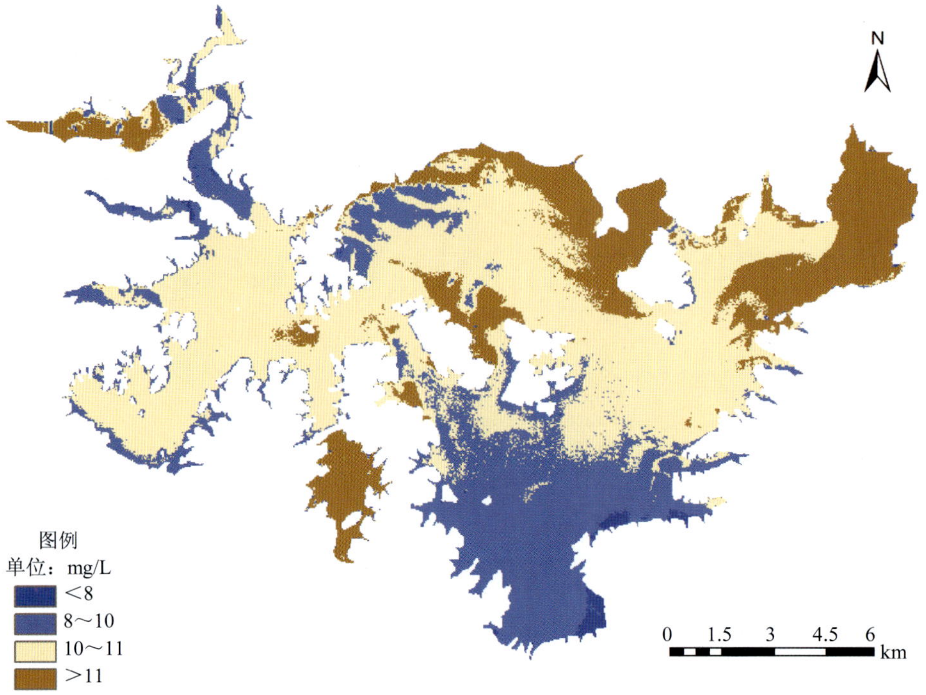

（d）2020 年 8 月

2017—2020 年基于 Landsat 卫星 OLI 数据的北京市密云水库透明度分布

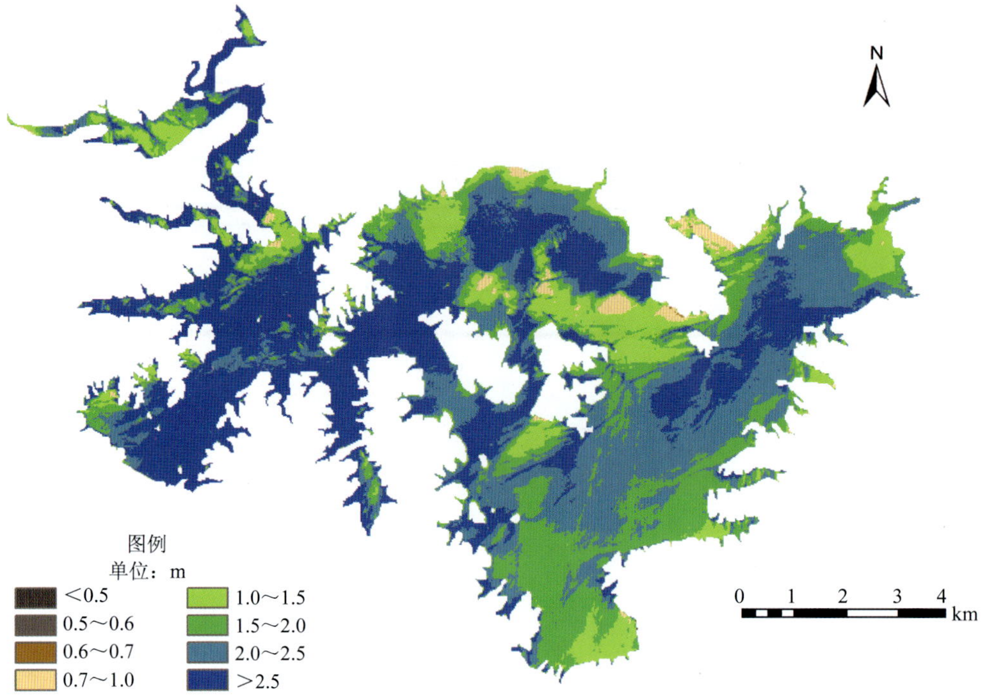

（a）2017 年 7 月

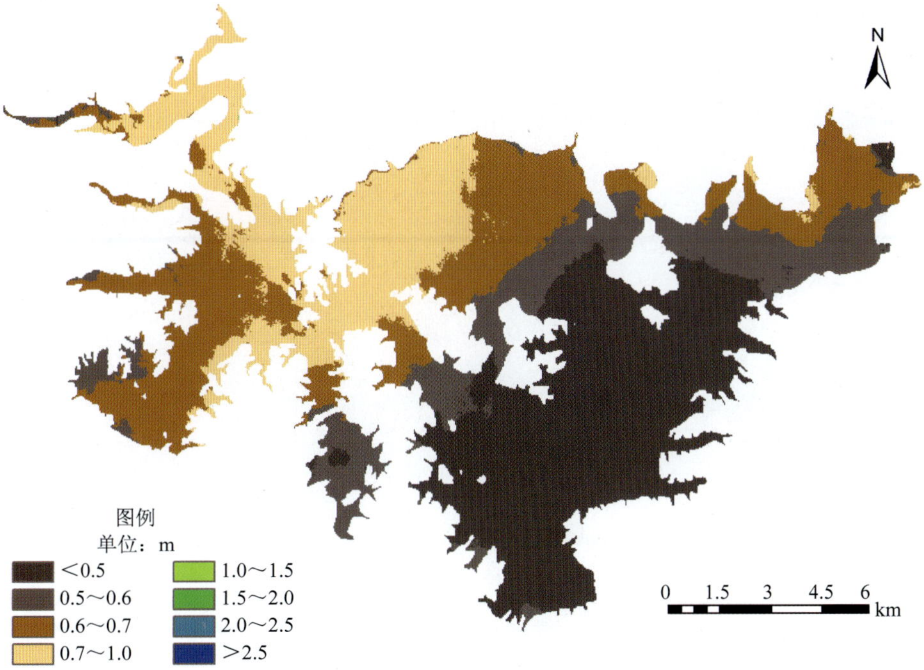

（b）2018 年 7 月

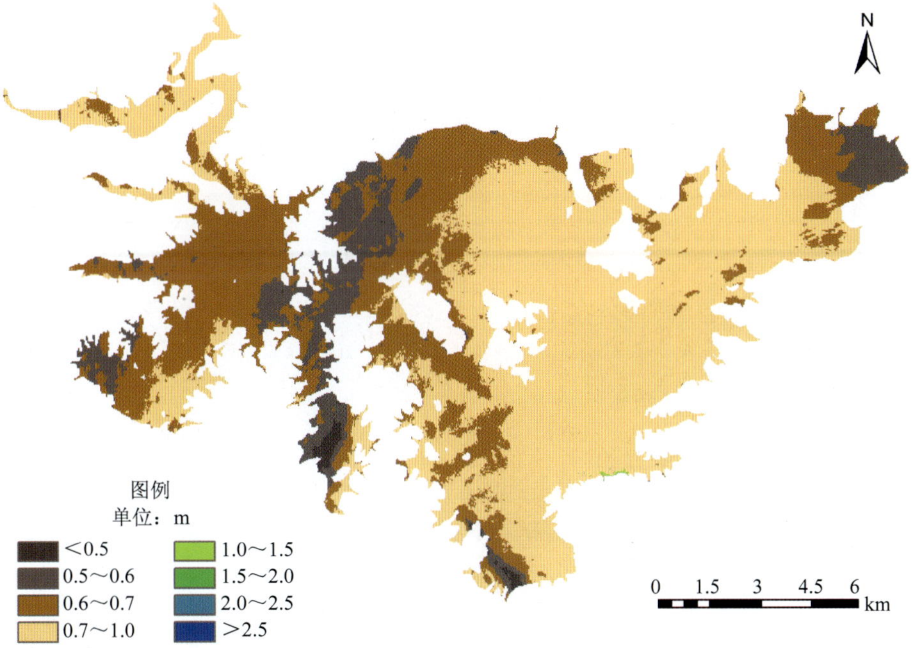

（c）2019 年 8 月

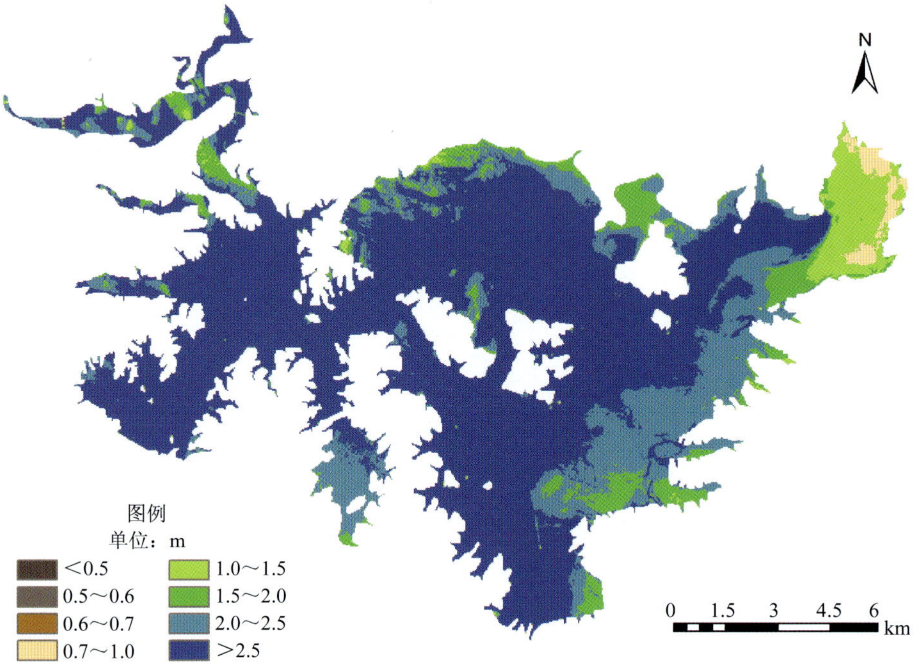

（d）2020 年 8 月

2018—2020 年洞庭湖透明度分布

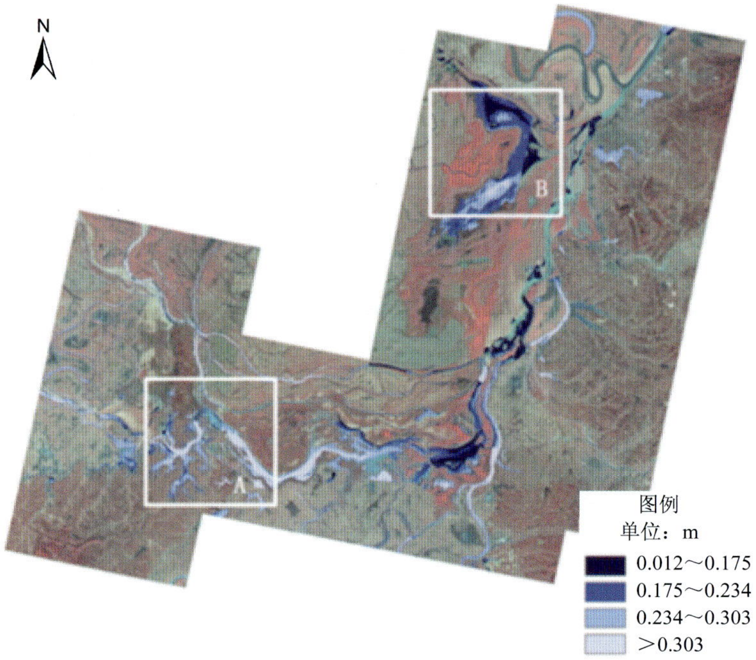

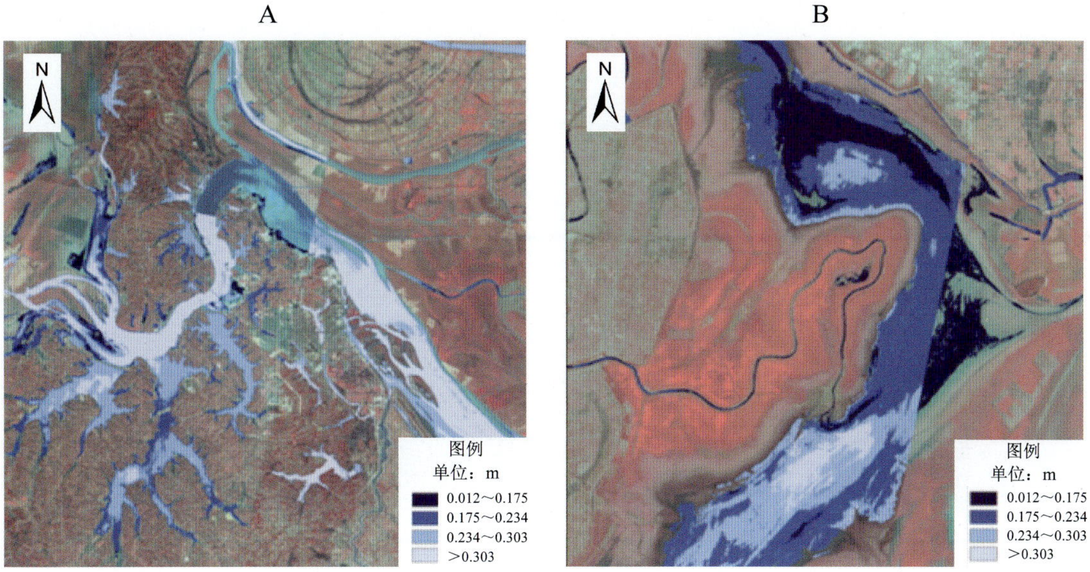
A
B
N
图例
单位：m
0.012～0.175
0.175～0.234
0.234～0.303
>0.303
N
图例
单位：m
0.012～0.175
0.175～0.234
0.234～0.303
>0.303

（a）2018 年

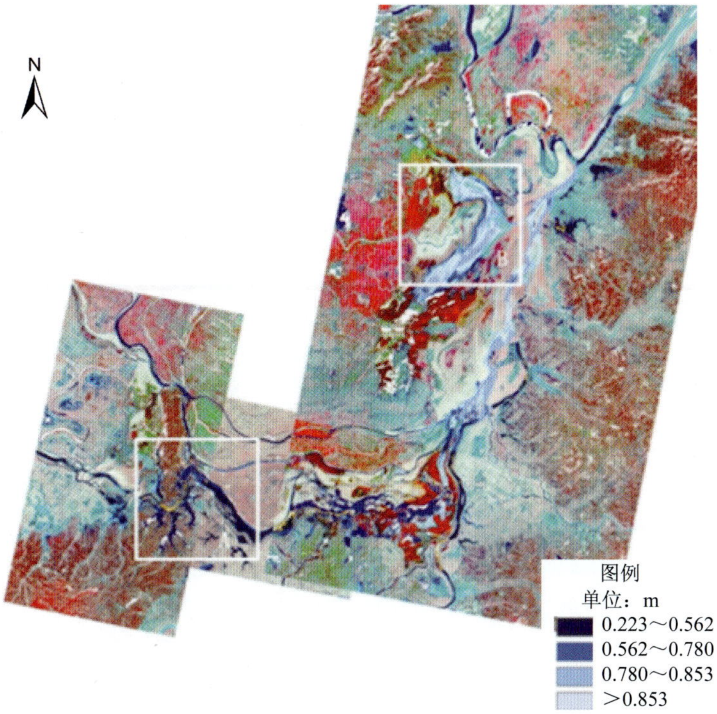
N
B
图例
单位：m
0.223～0.562
0.562～0.780
0.780～0.853
>0.853

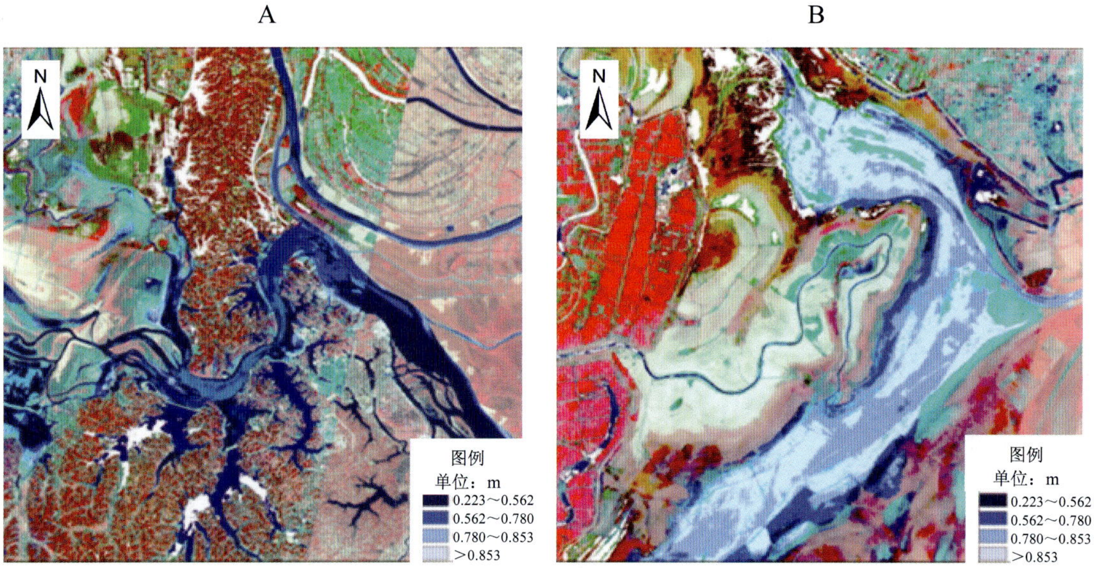
A
B
N
N
图例
单位：m
0.223～0.562
0.562～0.780
0.780～0.853
＞0.853
图例
单位：m
0.223～0.562
0.562～0.780
0.780～0.853
＞0.853

（b）2019 年

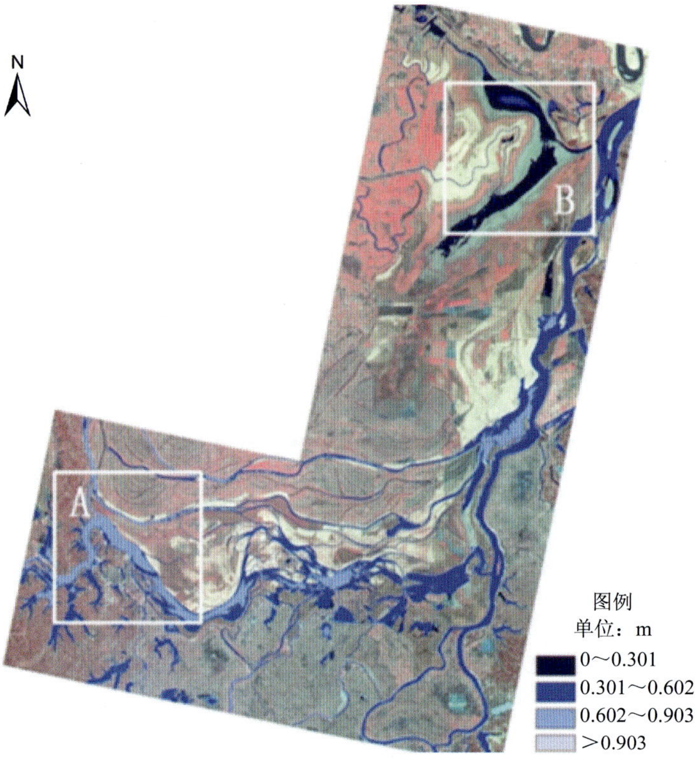
N
A
B
图例
单位：m
0～0.301
0.301～0.602
0.602～0.903
＞0.903

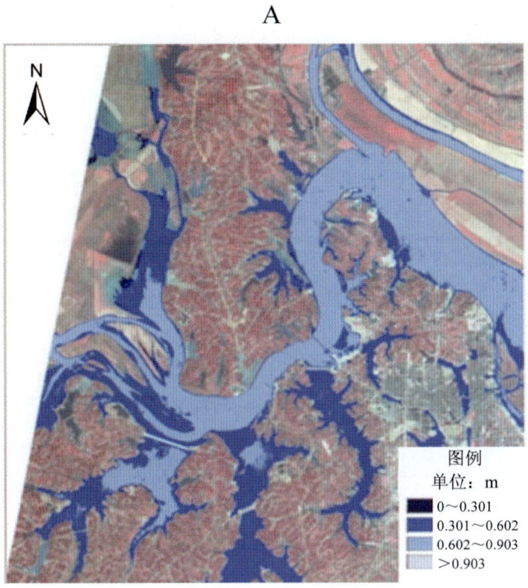

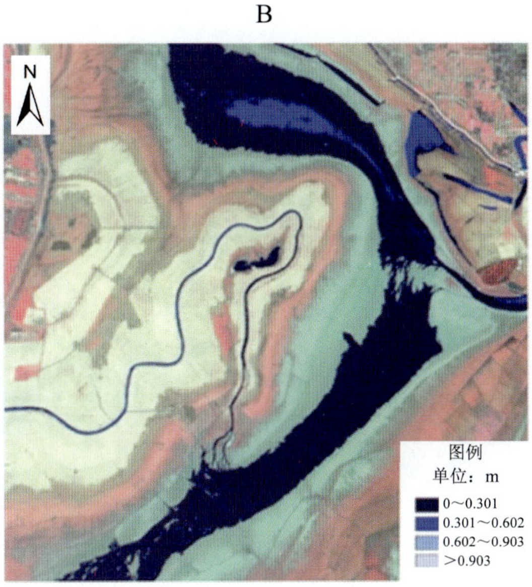

（c）2020 年

2020 年湘江透明度分布

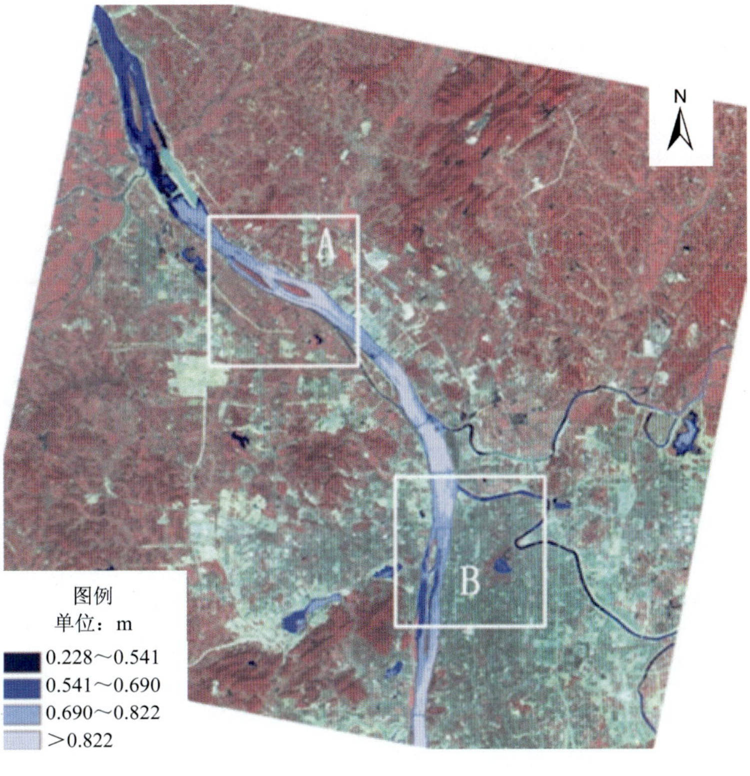

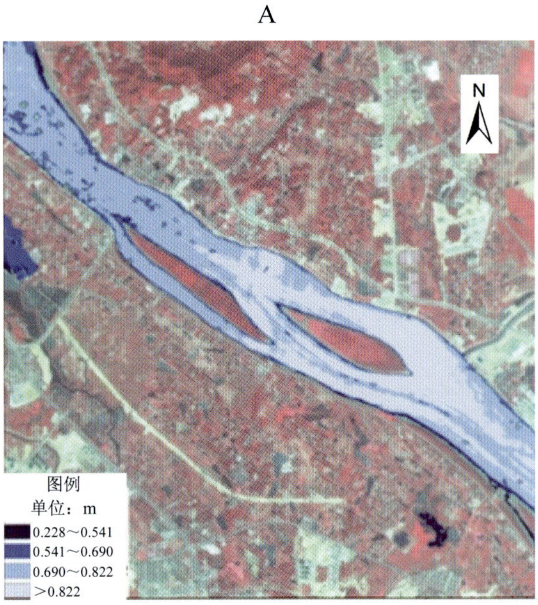

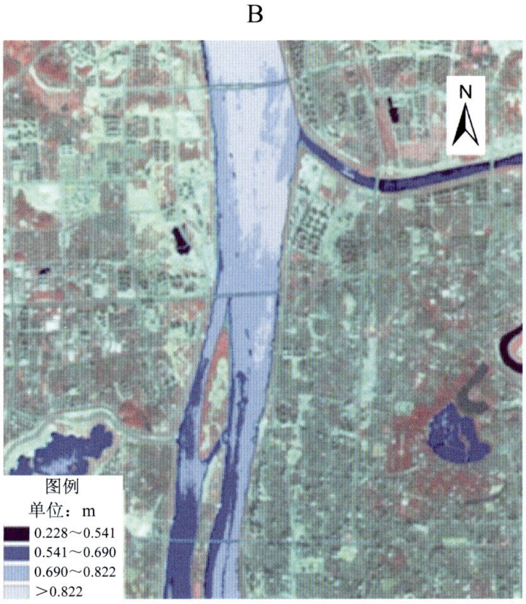

2020 年沅江透明度分布

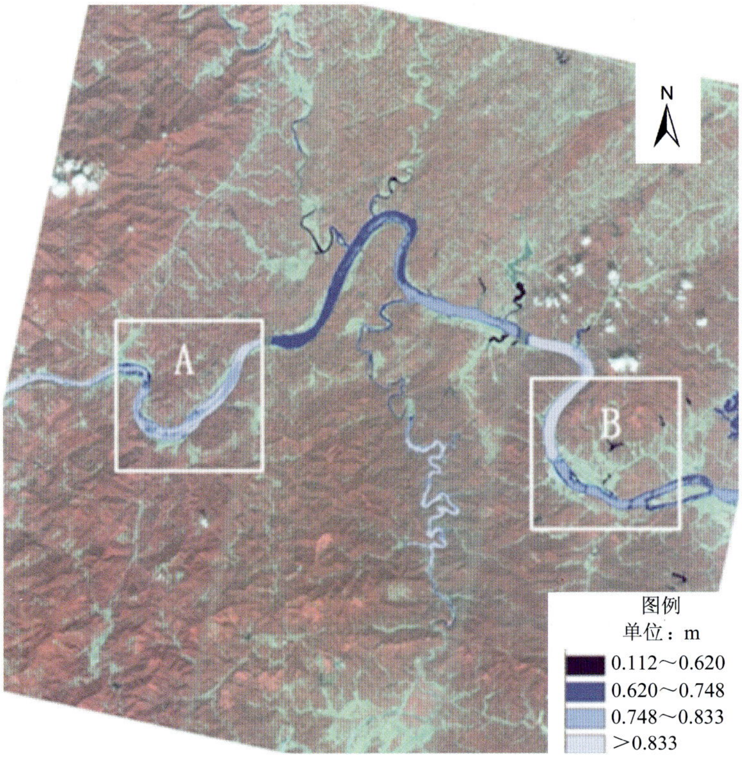

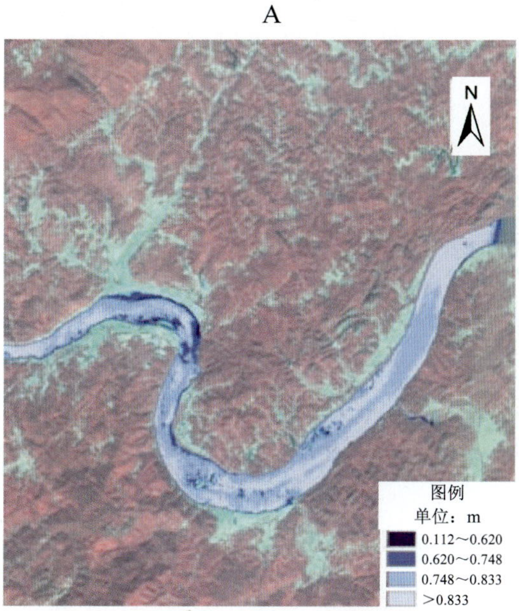

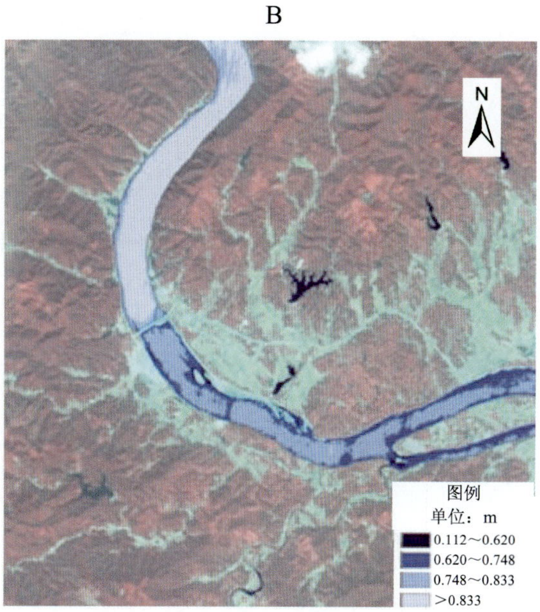

2020 年澧水透明度分布

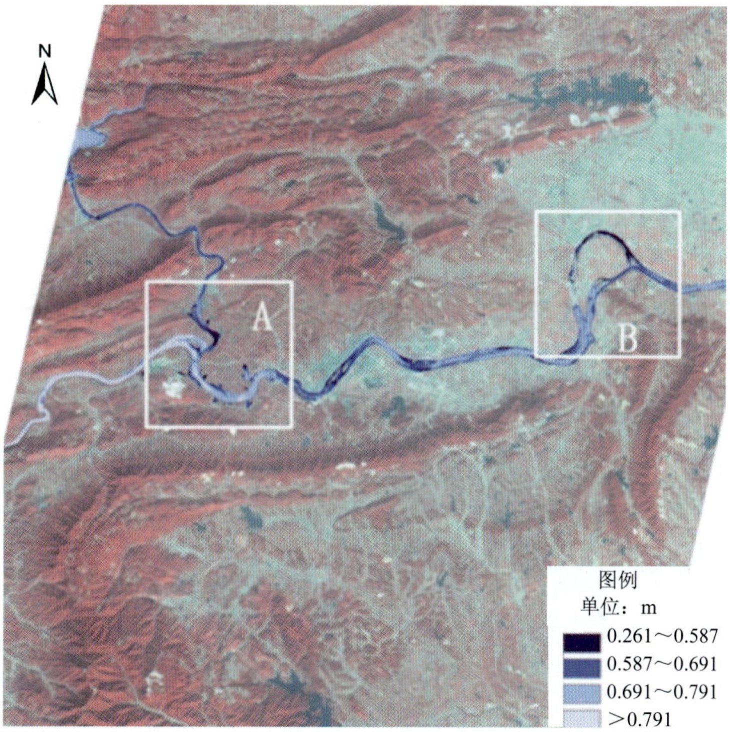

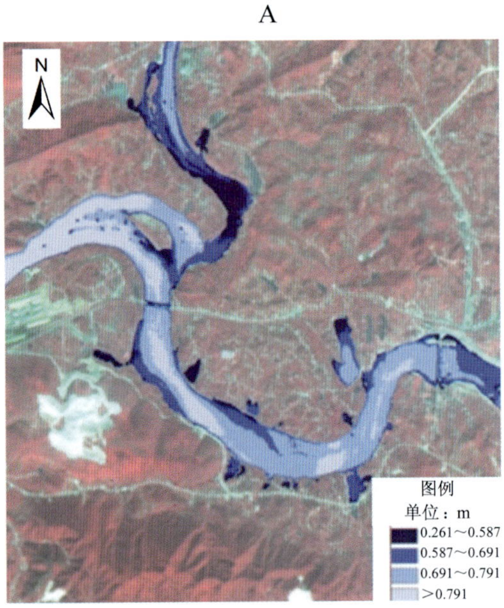

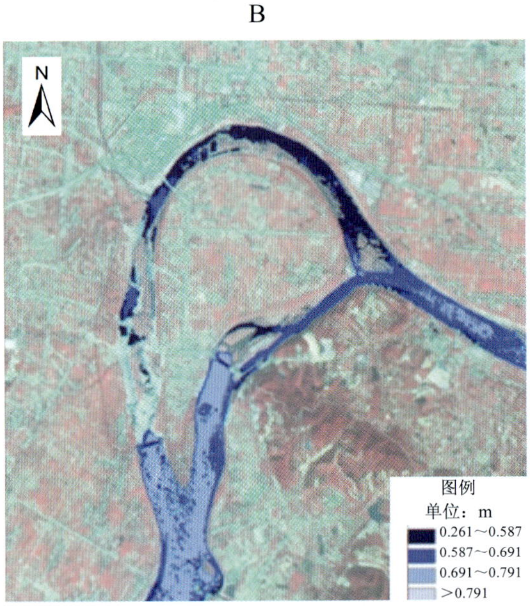

2018—2020 年洞庭湖悬浮物浓度分布

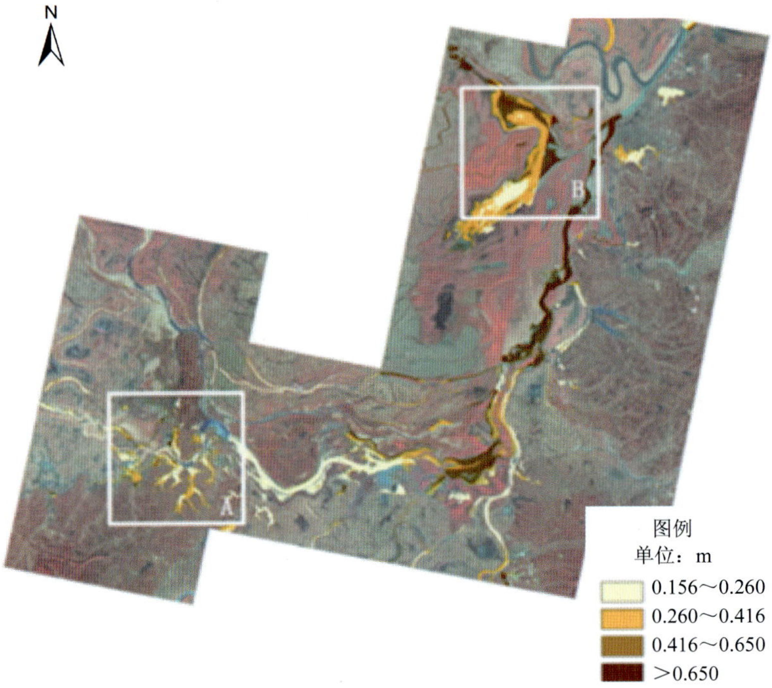

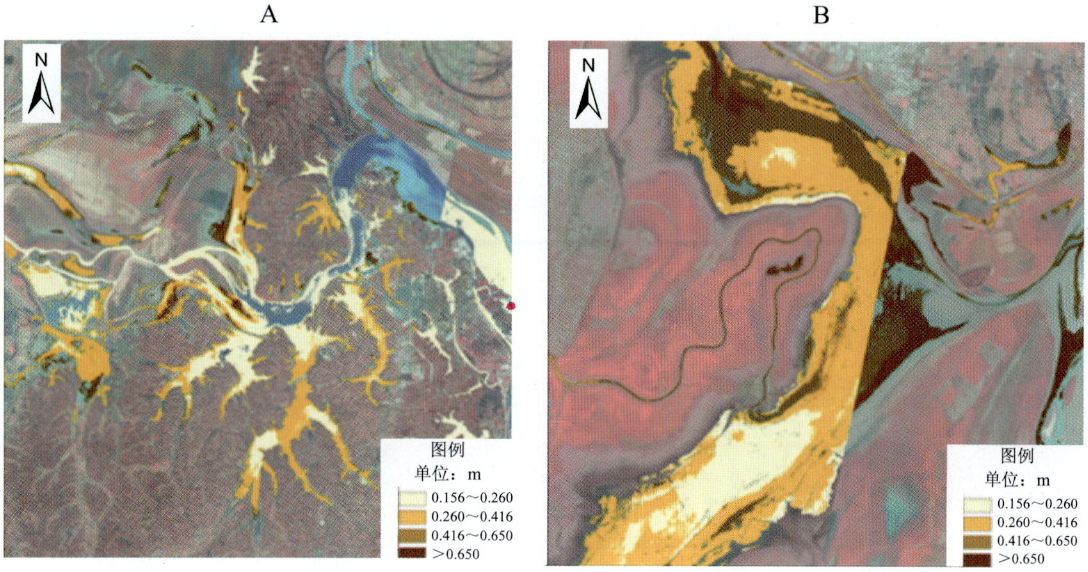
A
B
N
图例
单位：m
0.156～0.260
0.260～0.416
0.416～0.650
＞0.650
N
图例
单位：m
0.156～0.260
0.260～0.416
0.416～0.650
＞0.650

（a）2018 年

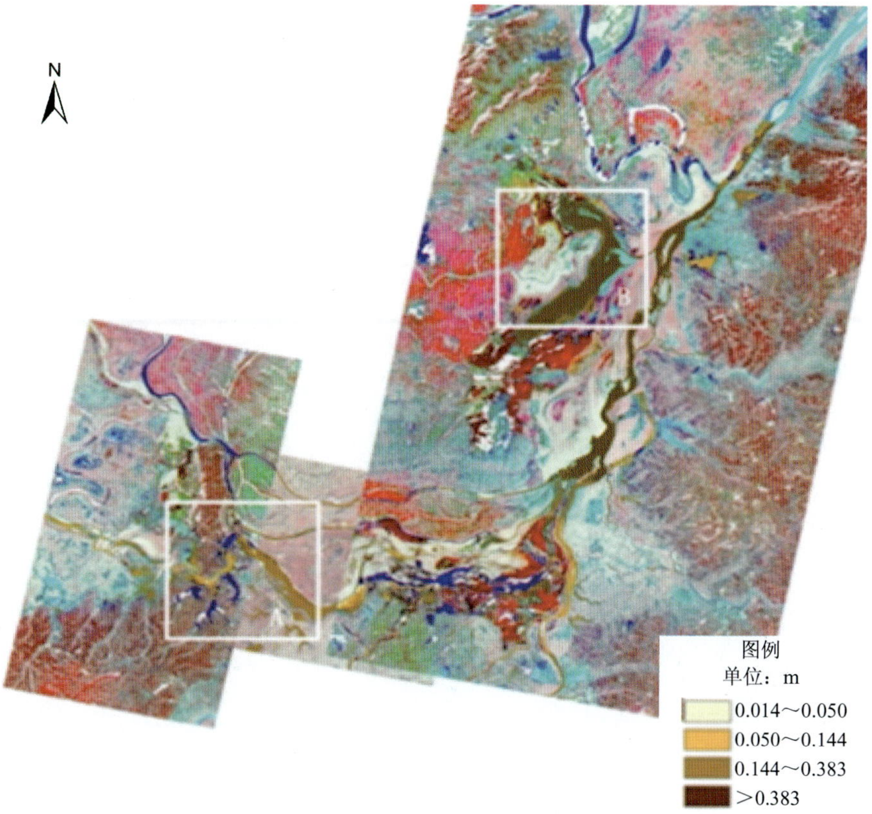
N
A
B
图例
单位：m
0.014～0.050
0.050～0.144
0.144～0.383
＞0.383

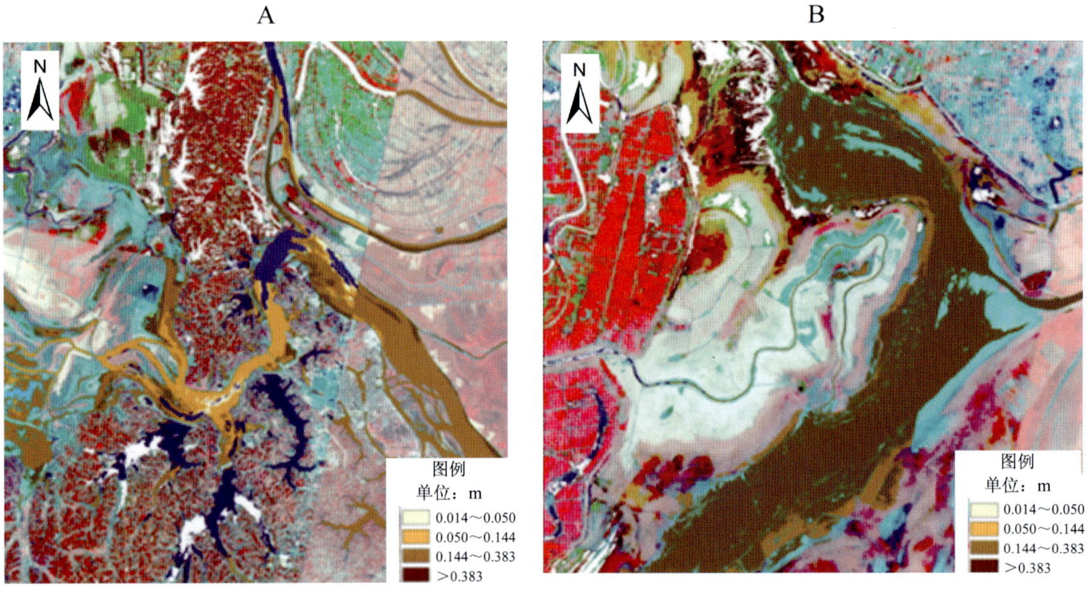
A
N
图例
单位：m
0.014～0.050
0.050～0.144
0.144～0.383
>0.383
B
N
图例
单位：m
0.014～0.050
0.050～0.144
0.144～0.383
>0.383

（b）2019 年

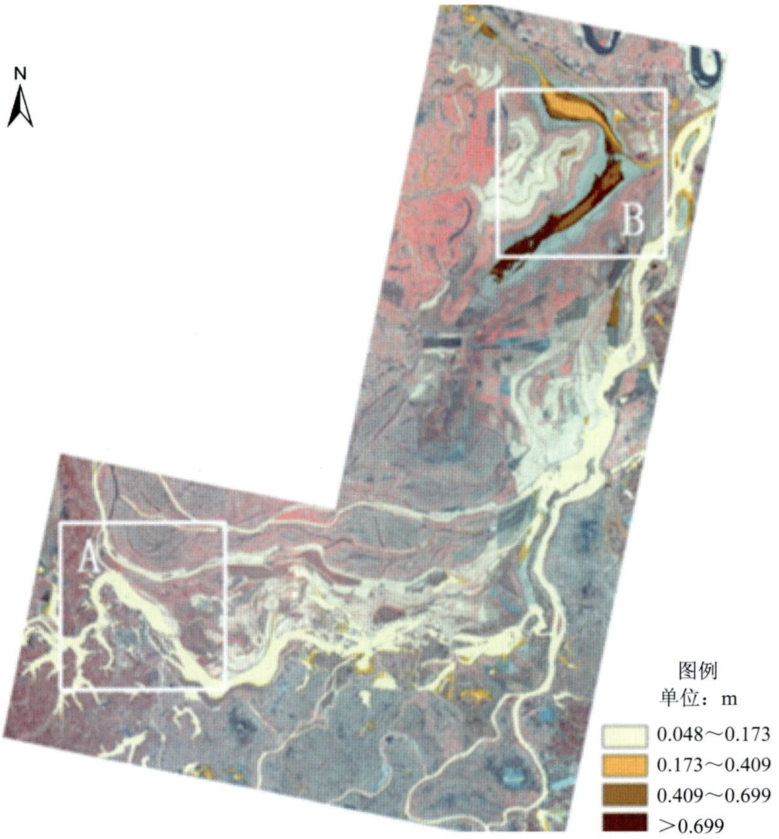
N
A
B
图例
单位：m
0.048～0.173
0.173～0.409
0.409～0.699
>0.699

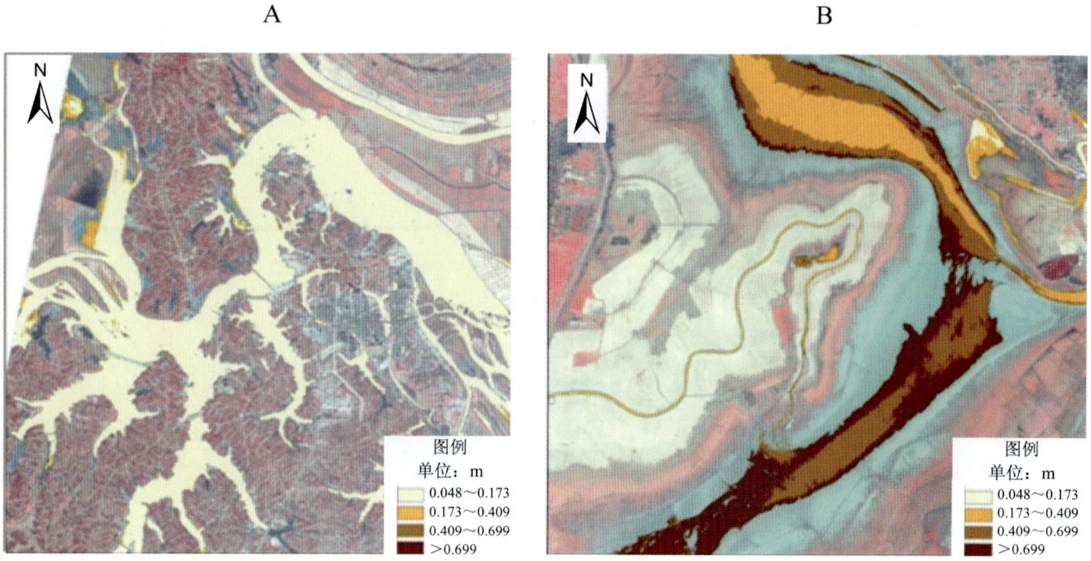

（c）2020 年

2020 年沅江悬浮物浓度分布

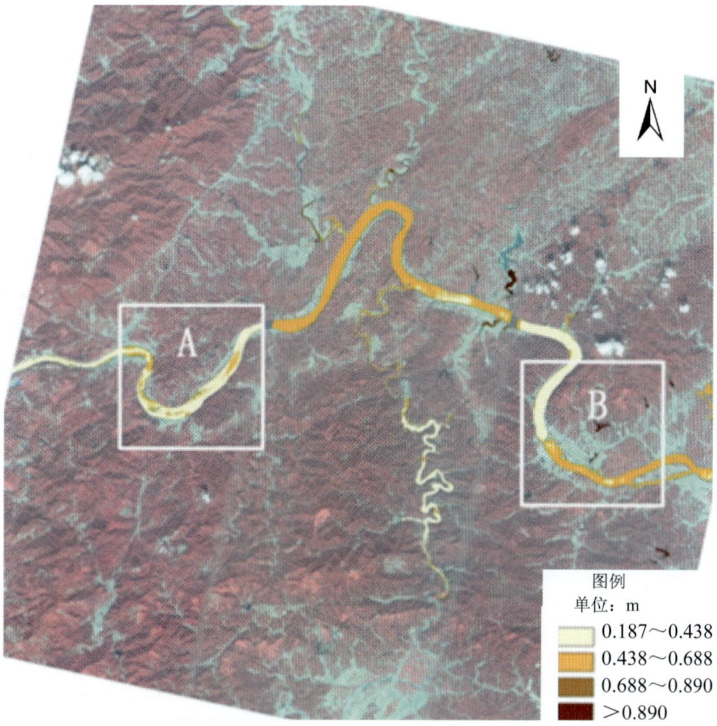

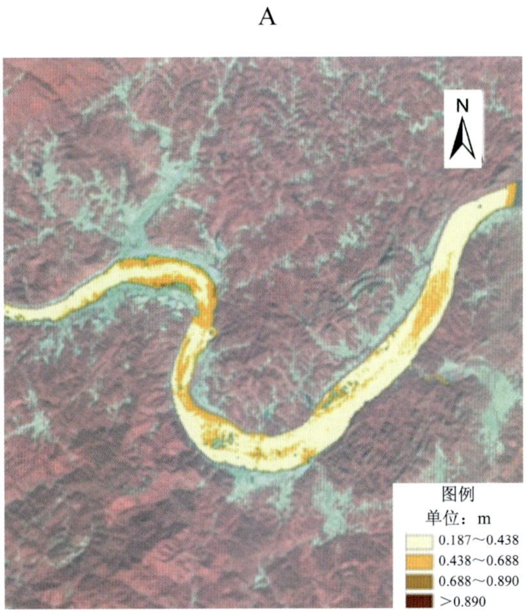

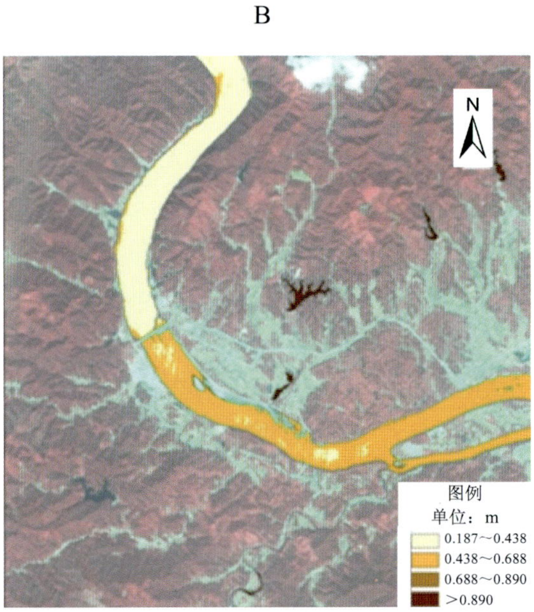

2020 年澧水悬浮物浓度分布

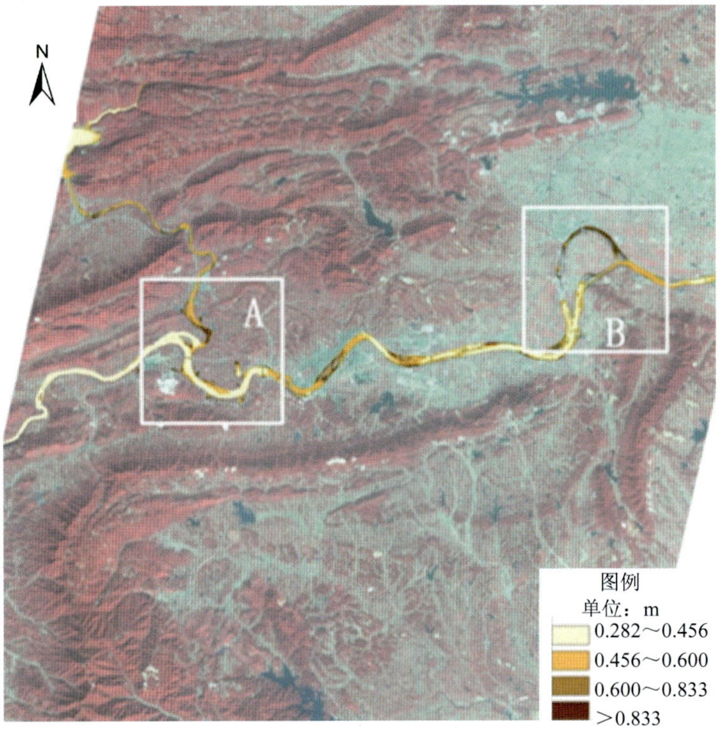

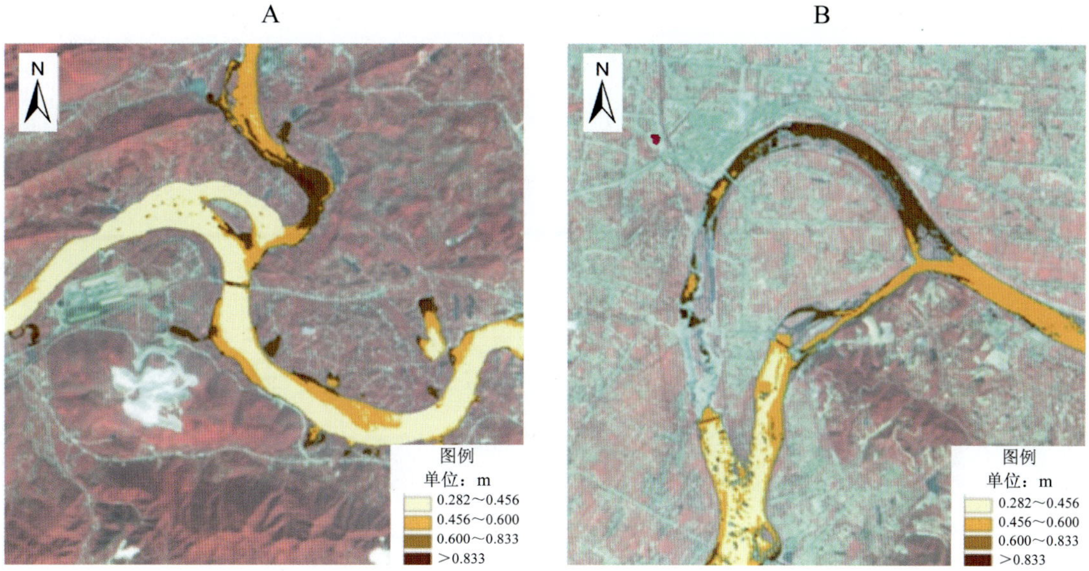

2020 年湘江悬浮物浓度分布

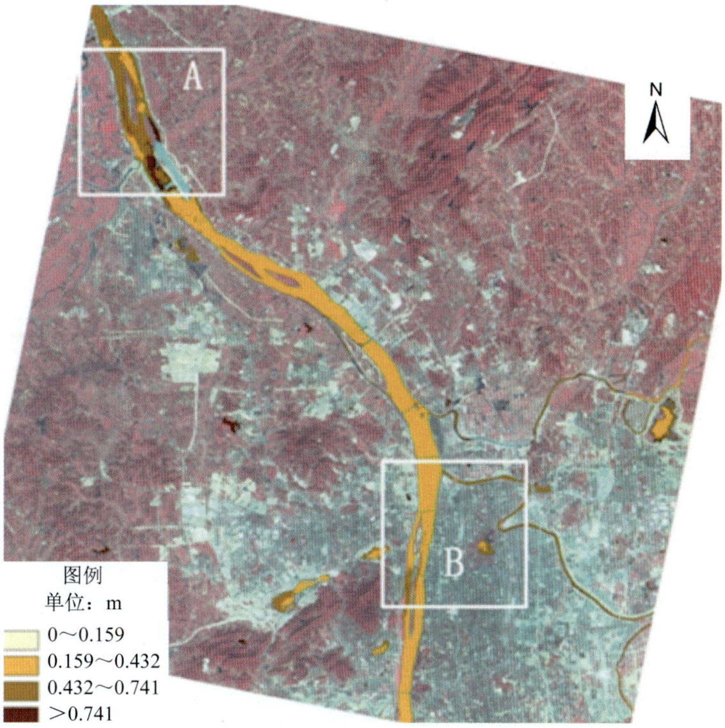

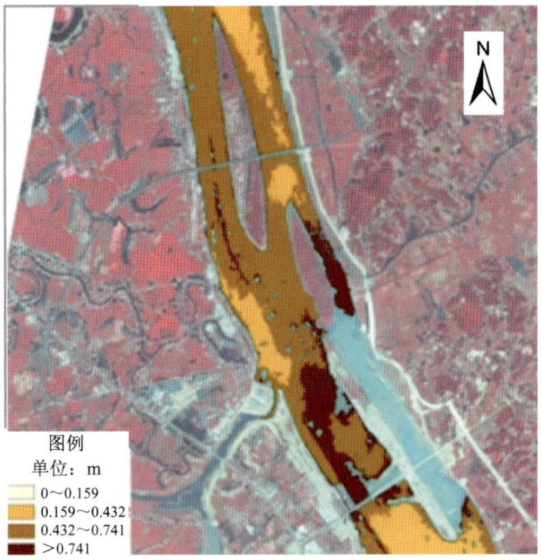

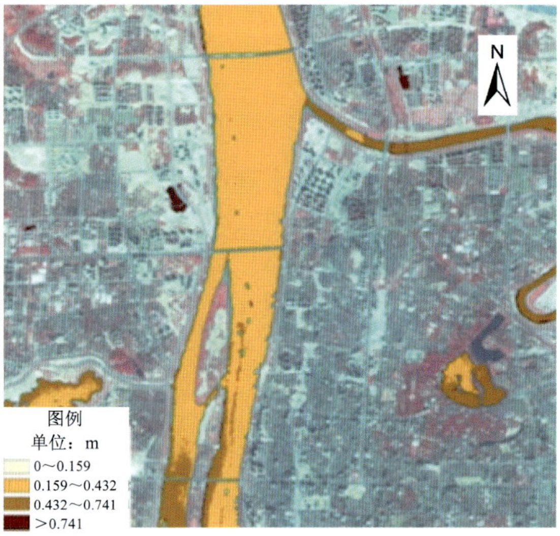

2017—2020 年基于 Landsat8* 卫星 OLI 数据的南京市固城湖悬浮物浓度分布

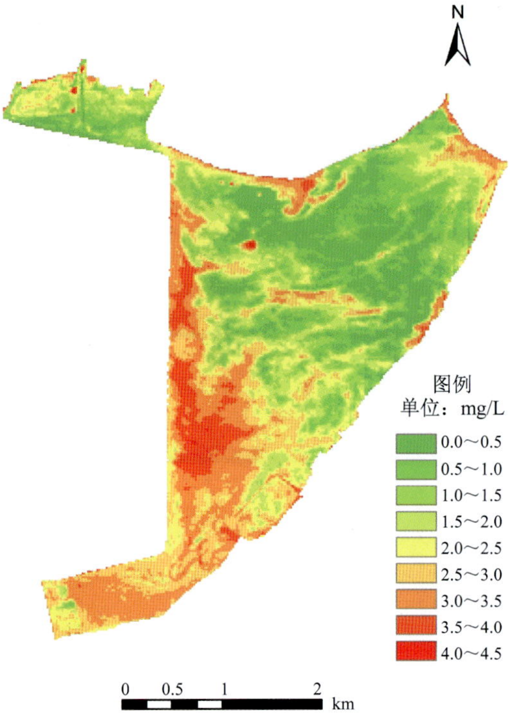

（a）2017 年 3 月

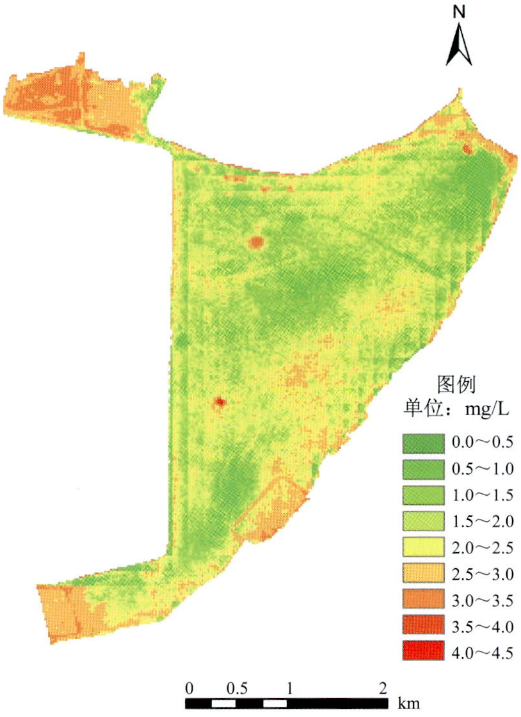

（b）2018 年 4 月

* Landsat8 指美国国陆地卫星计划（Landsat）的第八颗卫星。

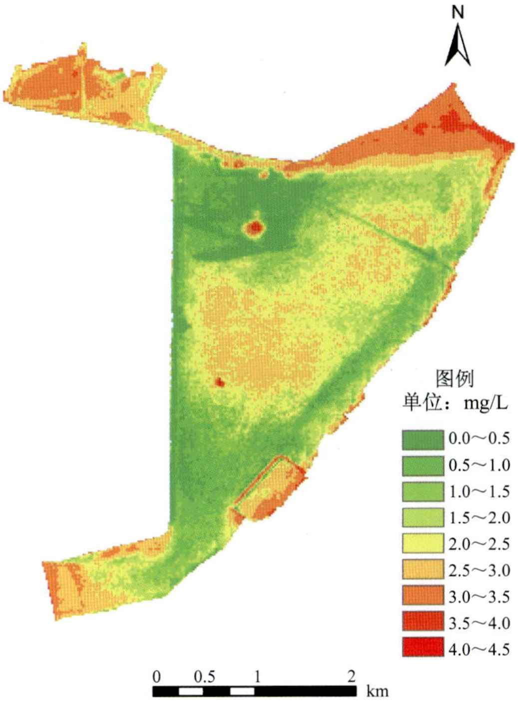

（c）2019 年 4 月

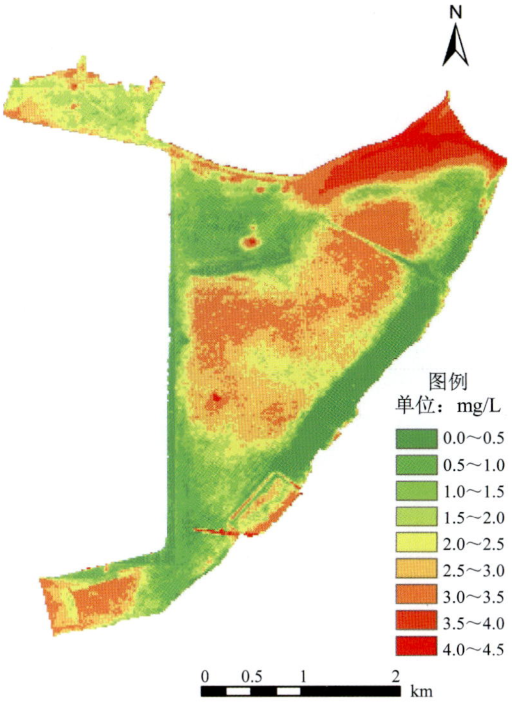

（d）2020 年 4 月

2017—2020 年基于 Landsat 卫星 OLI 数据的北京市密云水库悬浮物指数分布

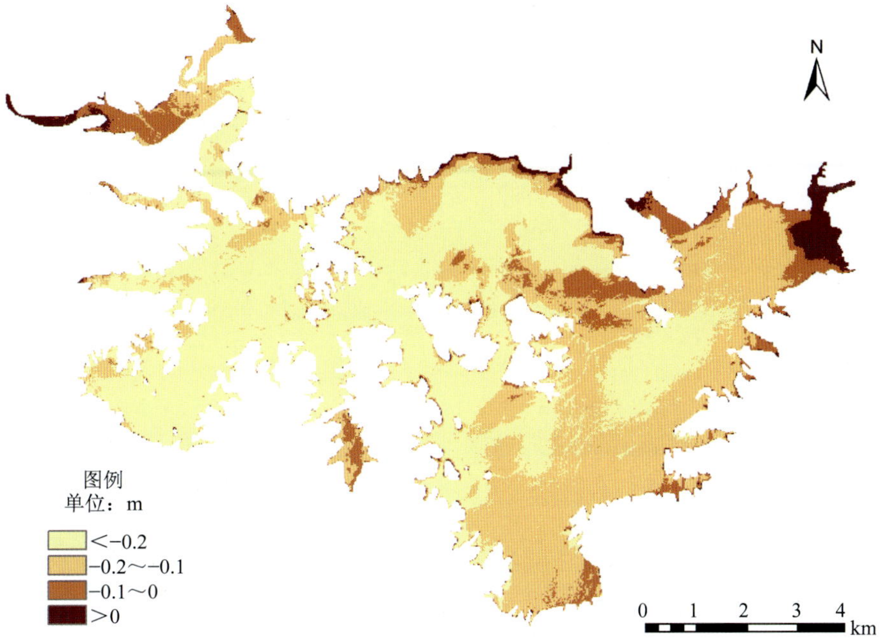

（a）2017 年 7 月

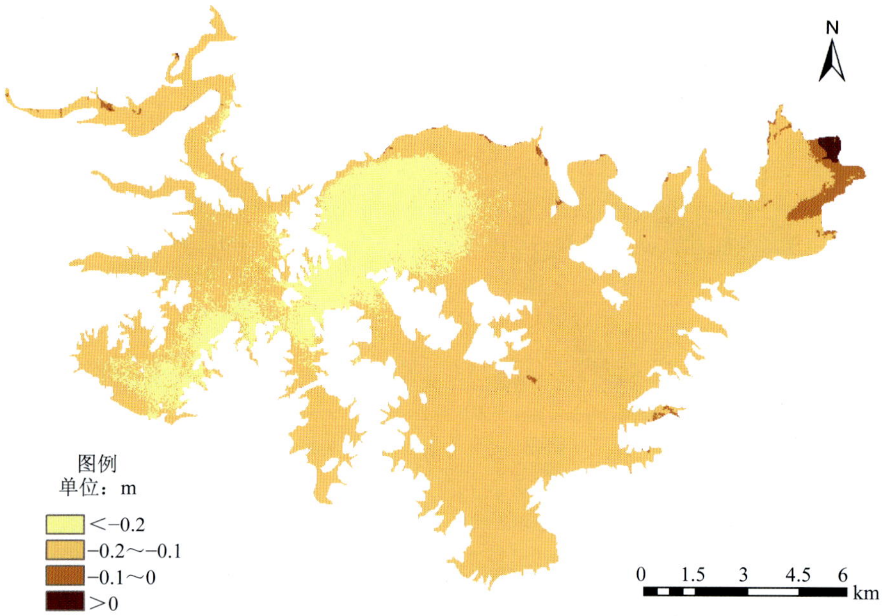

（b）2018 年 7 月

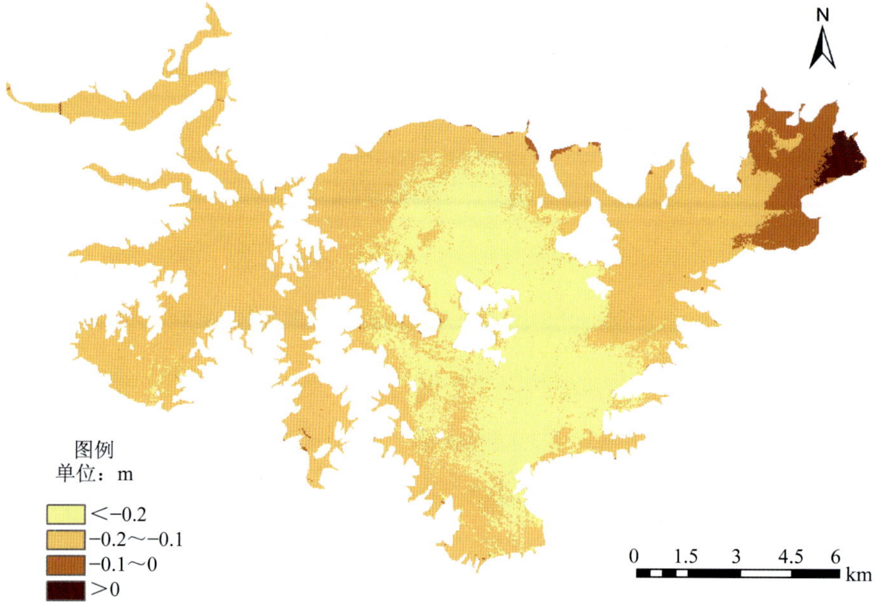

（c）2019 年 8 月

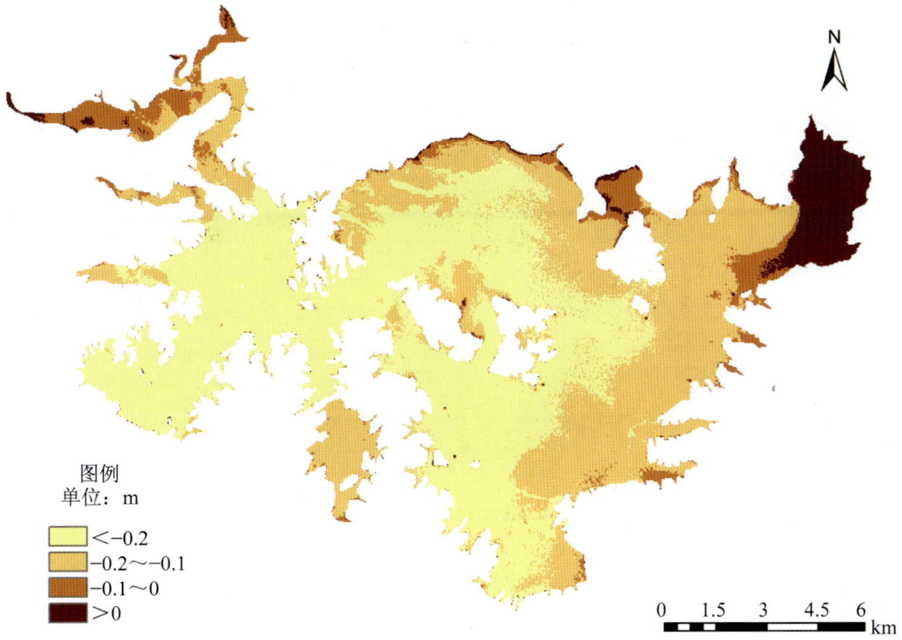

（d）2020 年 8 月

2017—2020 年基于 Landsat 卫星 OLI 数据的北京市密云水库总磷浓度分布

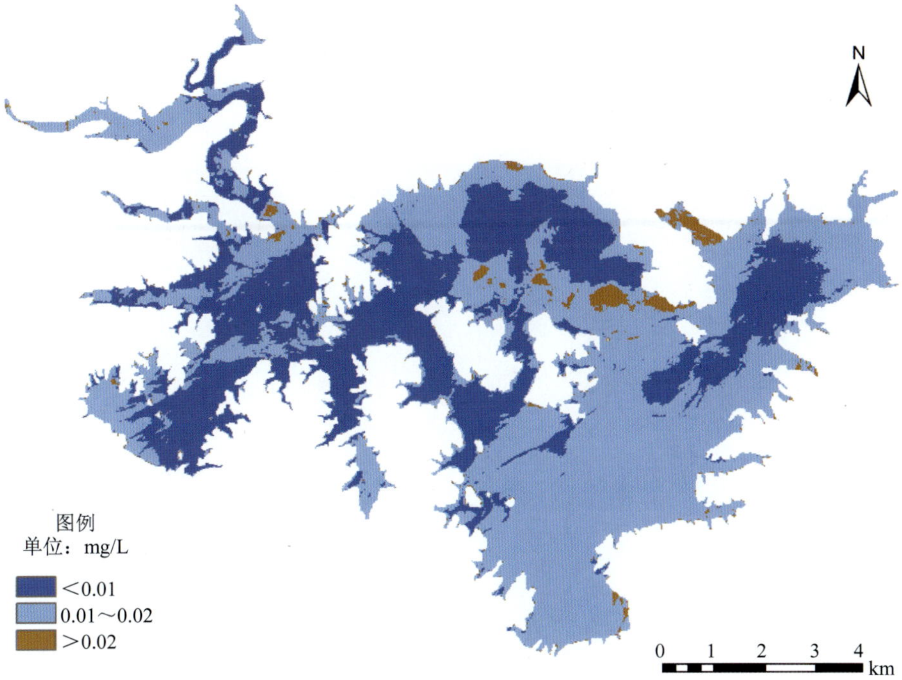

（a）2017 年 7 月

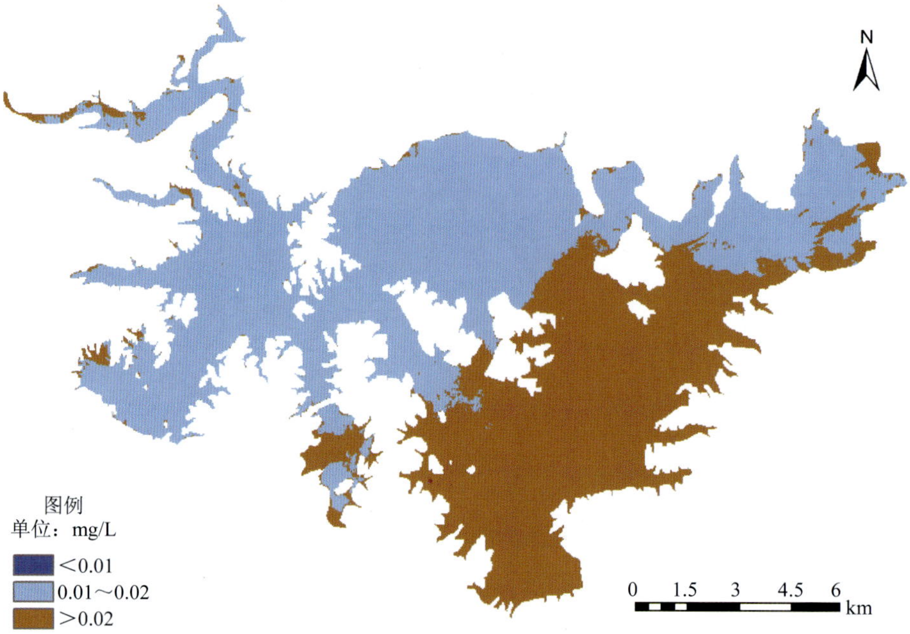

（b）2018 年 7 月

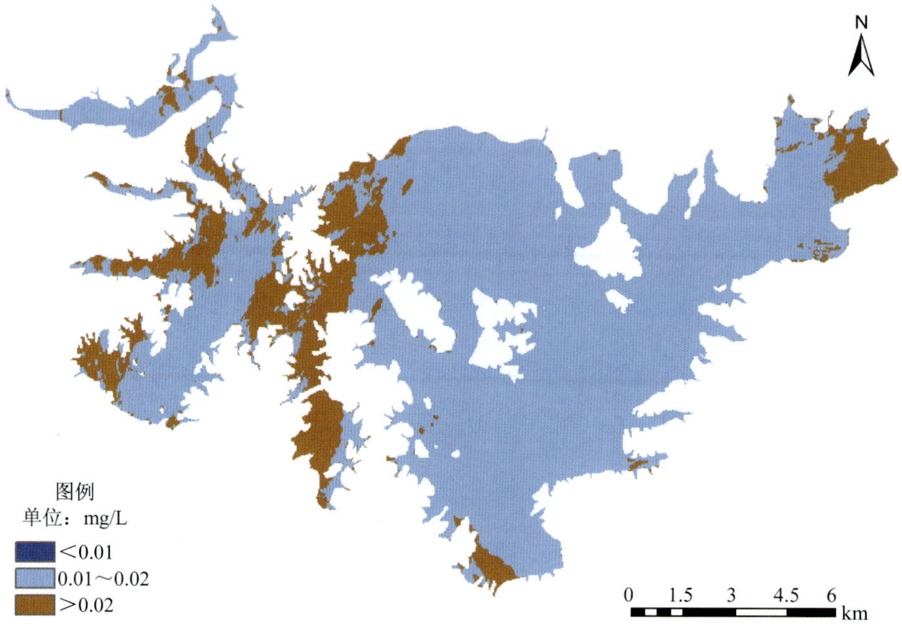

（c）2019 年 8 月

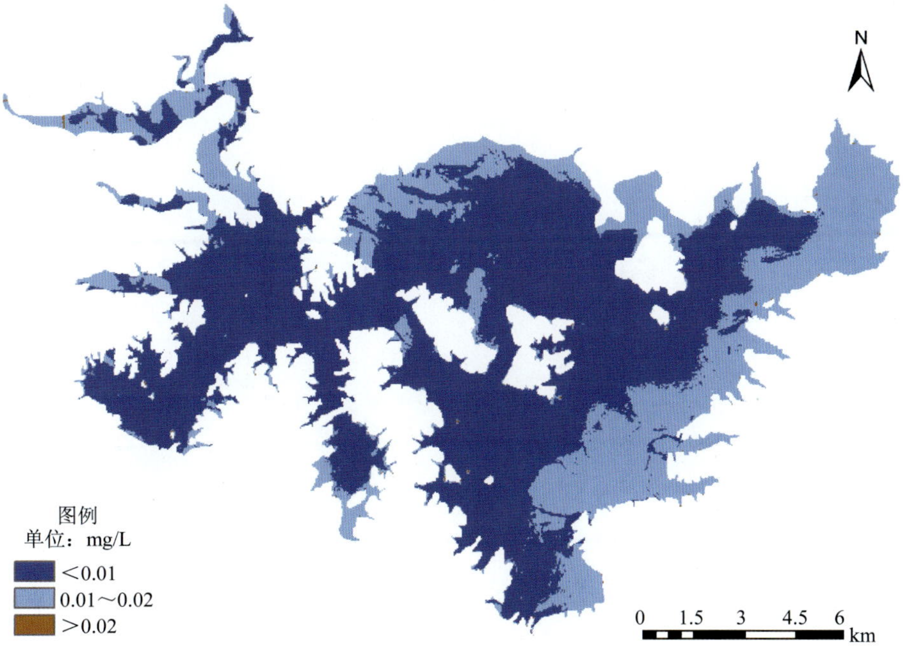

（d）2020 年 8 月

2019 年 5 月基于 Landsat 卫星 OLI 数据的杭州市新安江水库悬浮物浓度分布

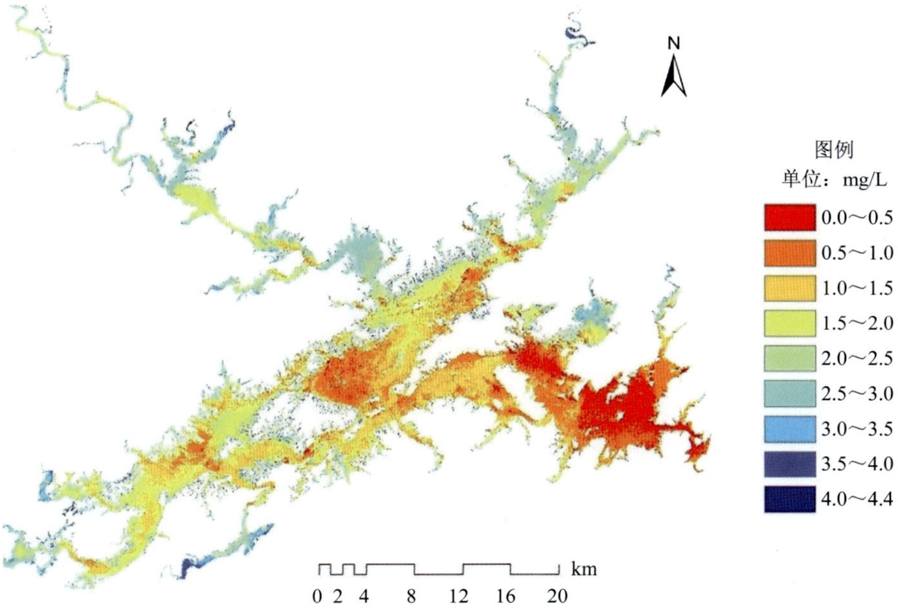

2013 年基于 Landsat 卫星 OLI 数据的杭州市新安江水库悬浮物浓度季度分布

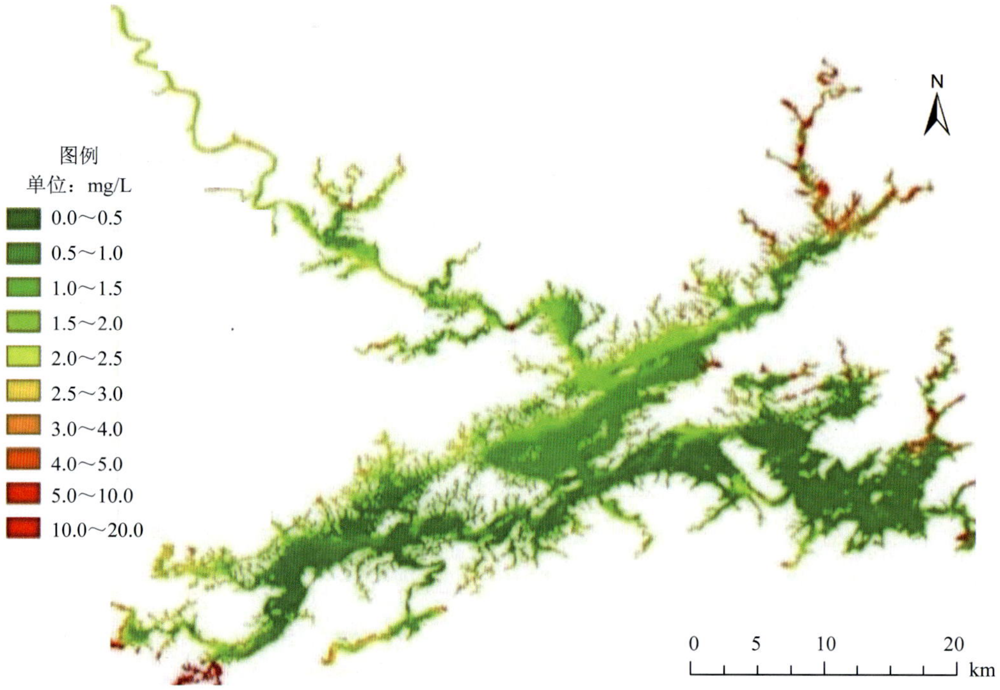

（a）春季

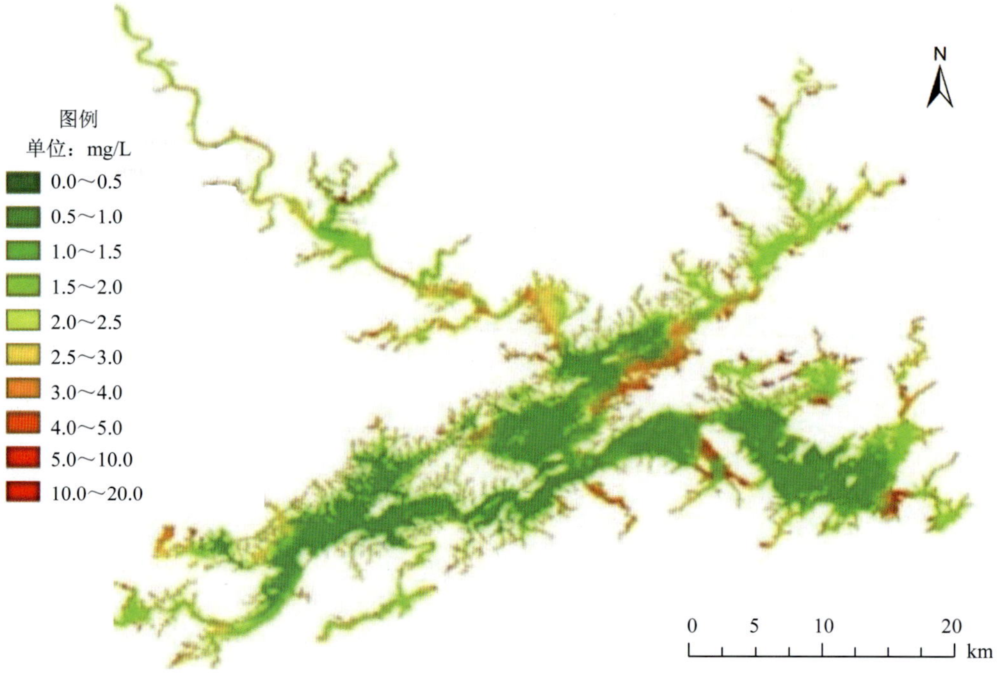

（b）夏季

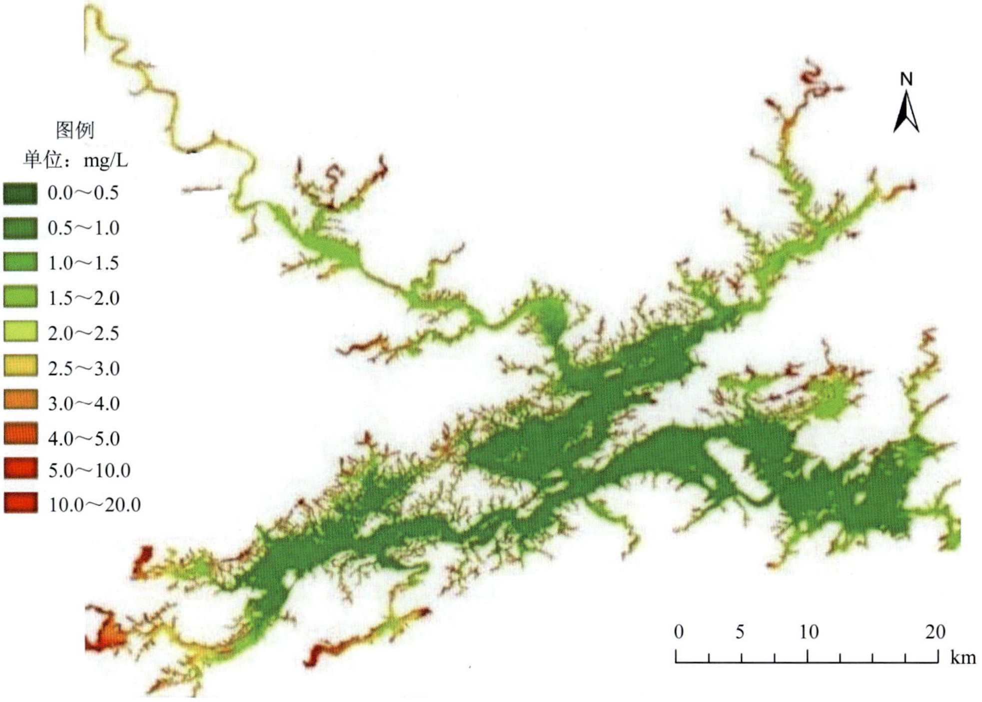
图例
单位：mg/L
0.0～0.5
0.5～1.0
1.0～1.5
1.5～2.0
2.0～2.5
2.5～3.0
3.0～4.0
4.0～5.0
5.0～10.0
10.0～20.0
N
0 5 10 20
km

（c）秋季

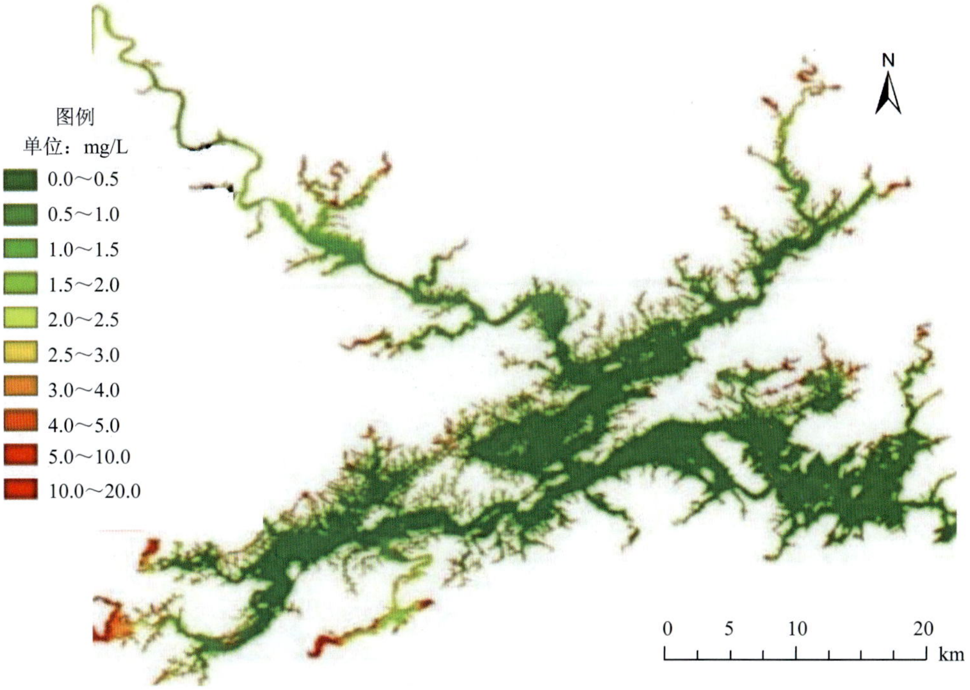
图例
单位：mg/L
0.0～0.5
0.5～1.0
1.0～1.5
1.5～2.0
2.0～2.5
2.5～3.0
3.0～4.0
4.0～5.0
5.0～10.0
10.0～20.0
N
0 5 10 20
km

（d）冬季

2017—2018 年基于 Landsat 卫星 OLI 数据的北京市密云水库叶绿素 a 浓度分布

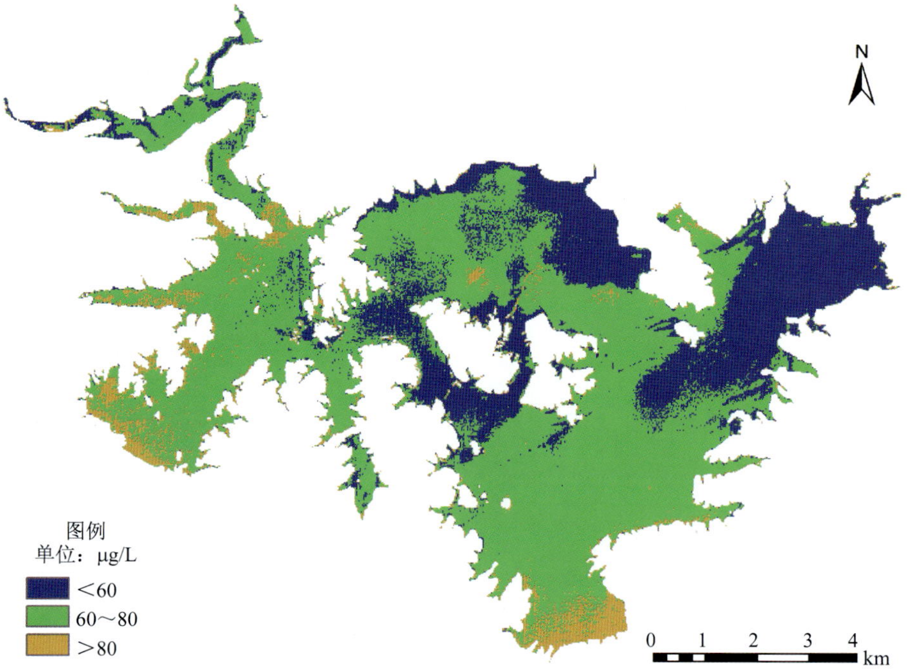

（a）2017 年 7 月

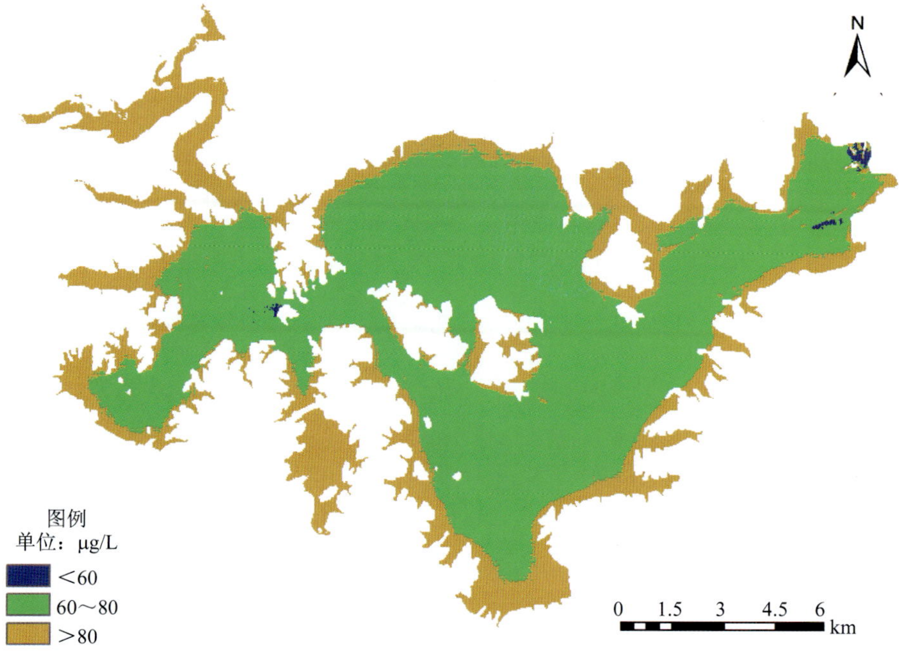

（b）2018 年 7 月

2019 年春季基于 Landsat 卫星 OLI 数据的新安江水库叶绿素 a 浓度分布

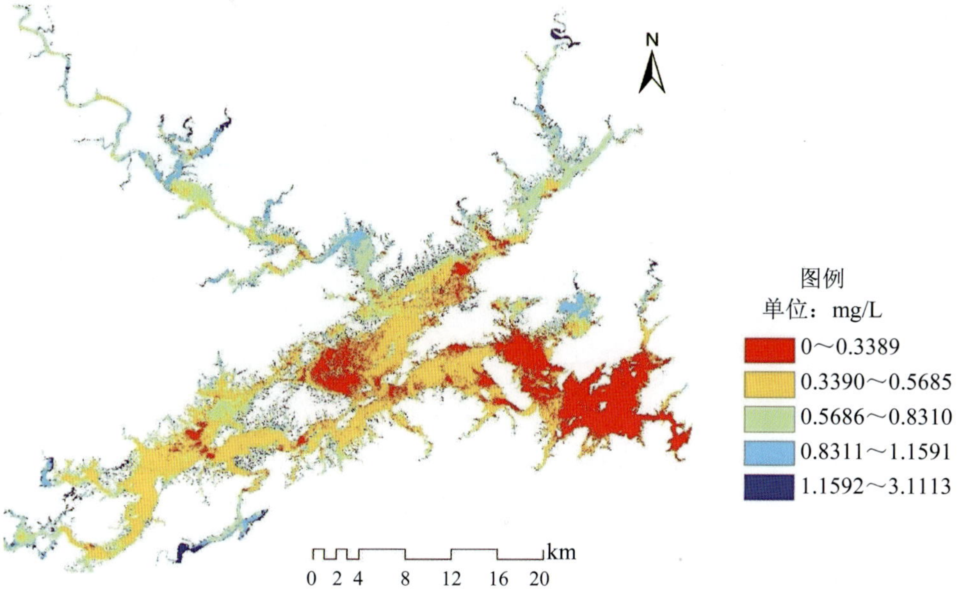

2019 年—2020 年基于 Plannet 卫星数据的扬州市河流黑臭水体分布

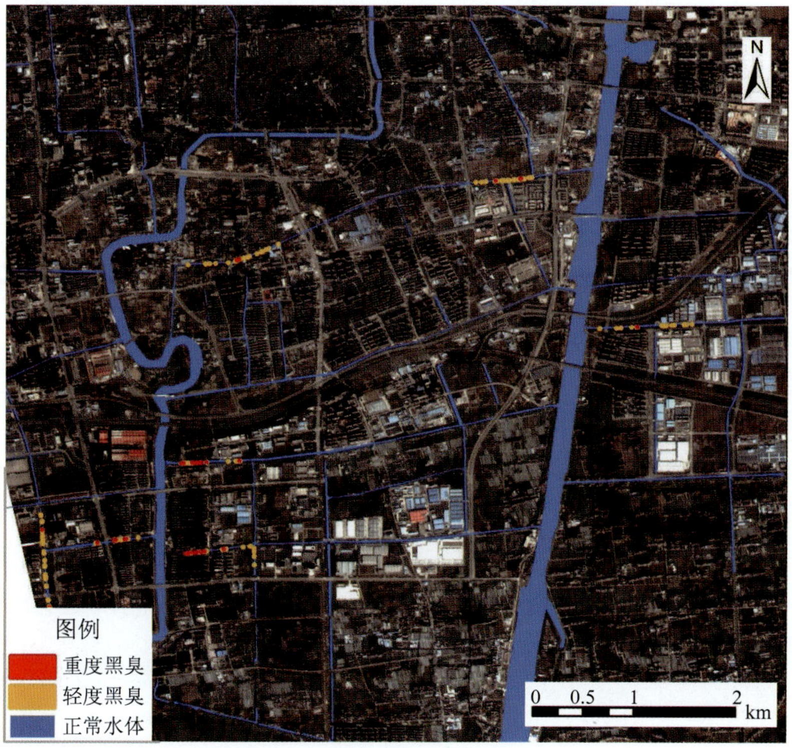

（a）2019 年 1 月 18 日

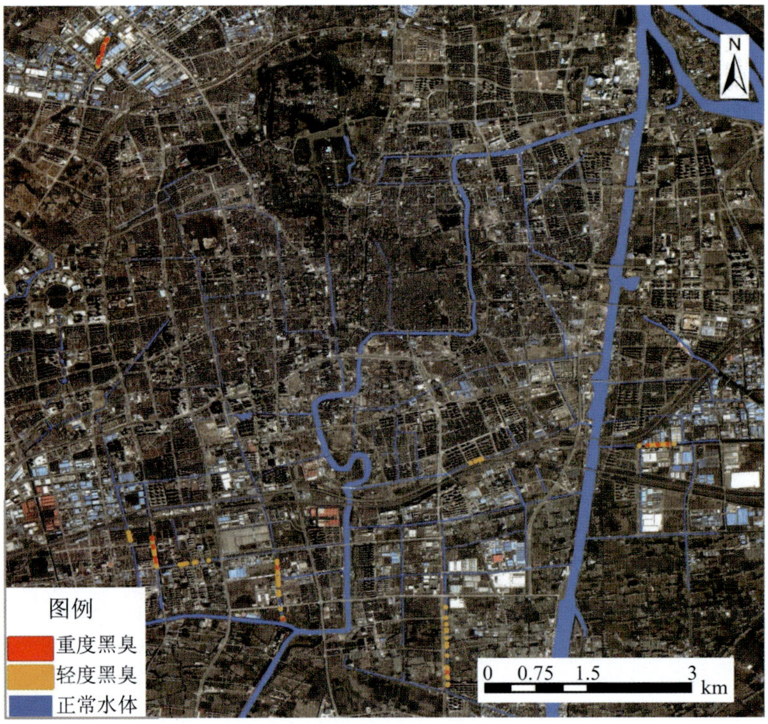

（b）2019 年 3 月 7 日

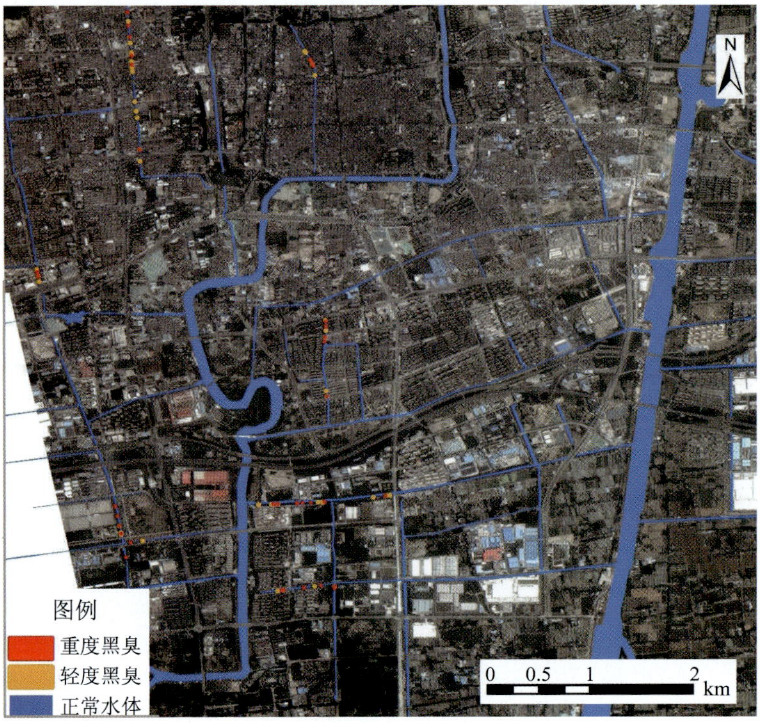

（c）2019 年 6 月 4 日

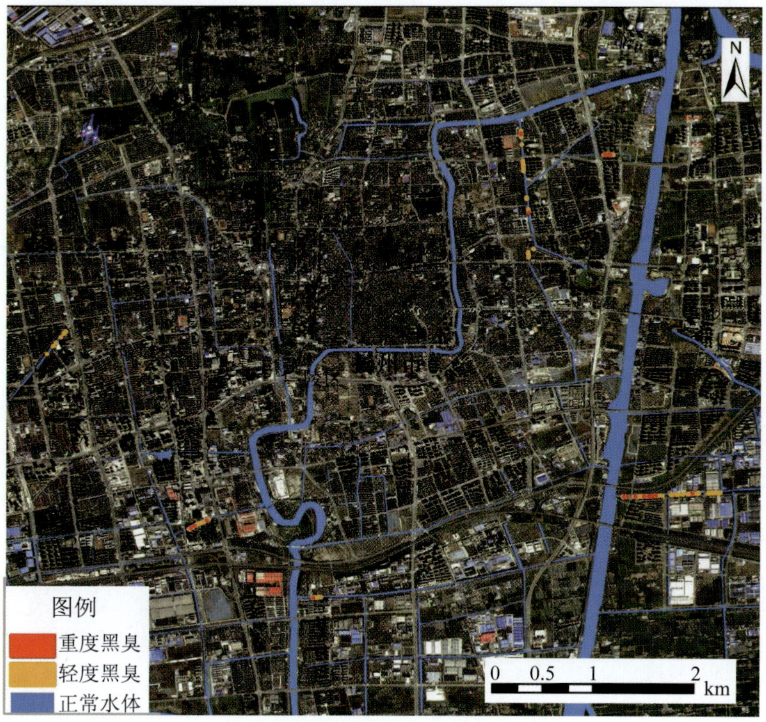

（d）2020 年 1 月 31 日

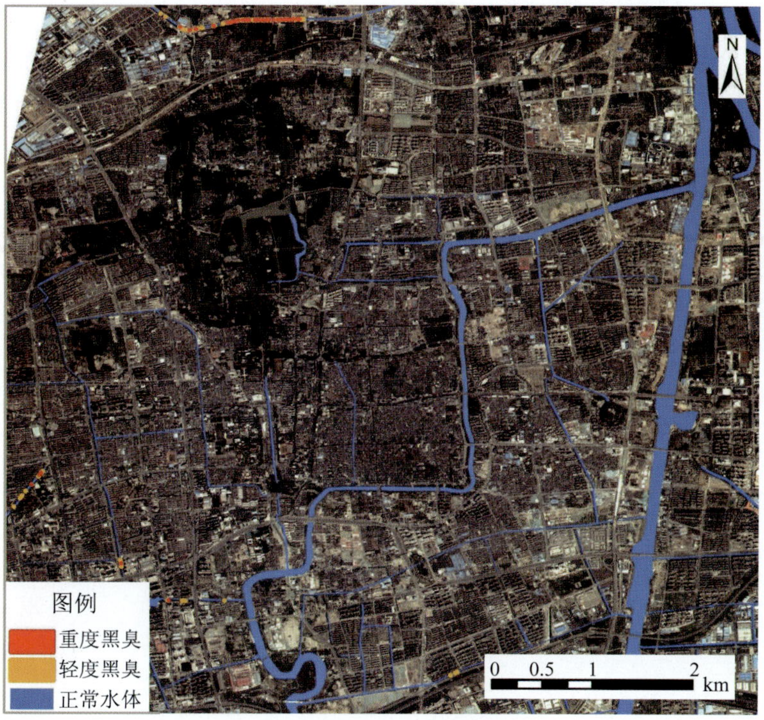

（e）2020 年 4 月 15 日

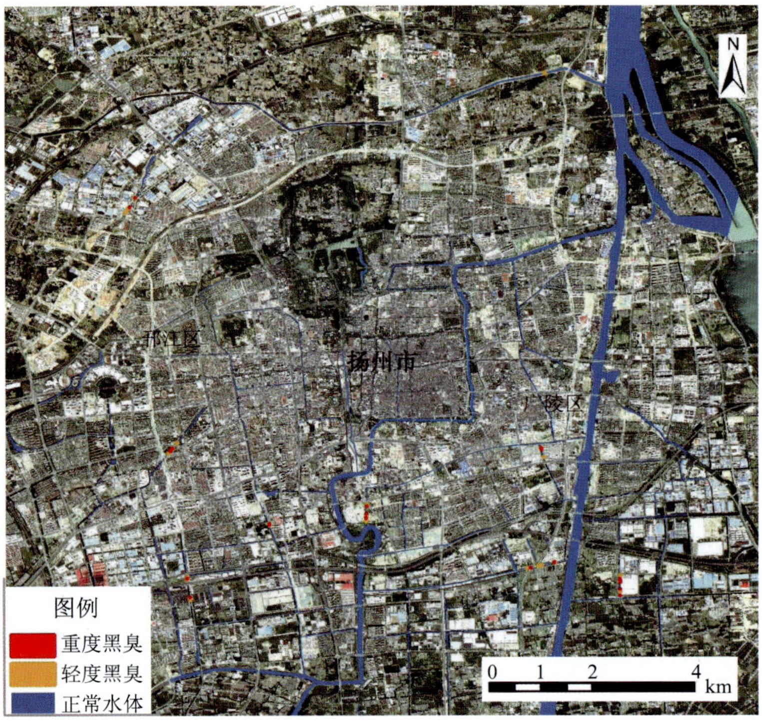

（f）2020 年 5 月 12 日

3.3 饮用水水源地风险源协同监测

饮用水水源地风险源高分遥感与地面观测协同的动态监测依托地面观测、多源遥感数据，通过分析饮用水水源地风险源光谱、纹理、结构等特征，构建了线、面基元关联的新型面向对象图像分析技术框架，依托新型模式识别与机器学习技术和地面实测资料的协同辅助，研究了饮用水水源地风险源遥感目标识别信息方法，以及特征级水源地重点风险源目标遥感变化检测新方法，构建了高精度的水源地风险源目标提取、识别与变化的分析算法。

2018 年 4 月 8 日千岛湖研究区范围

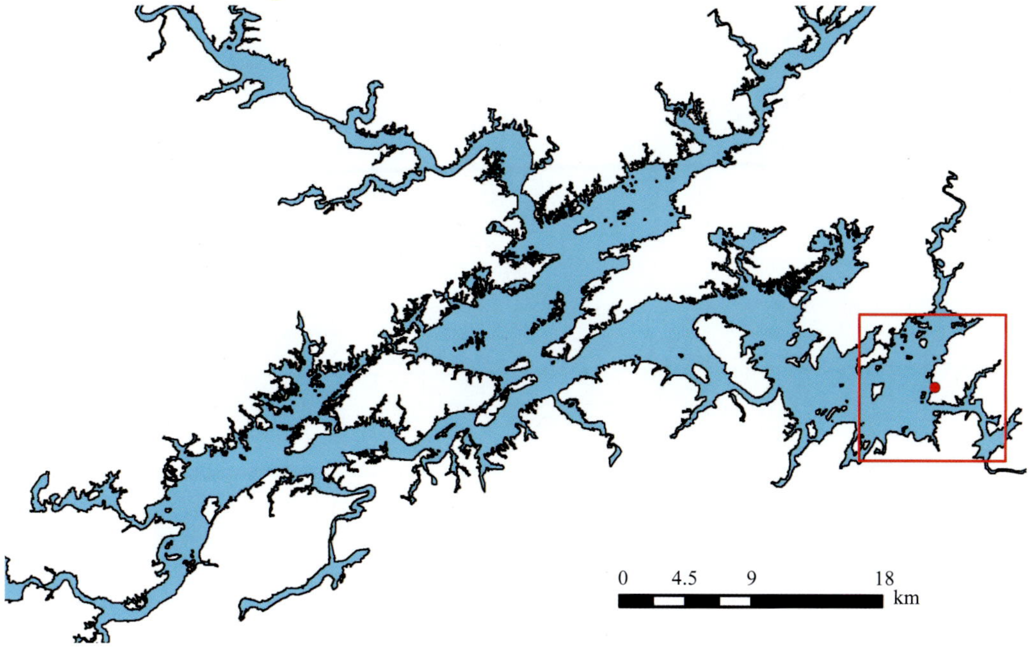

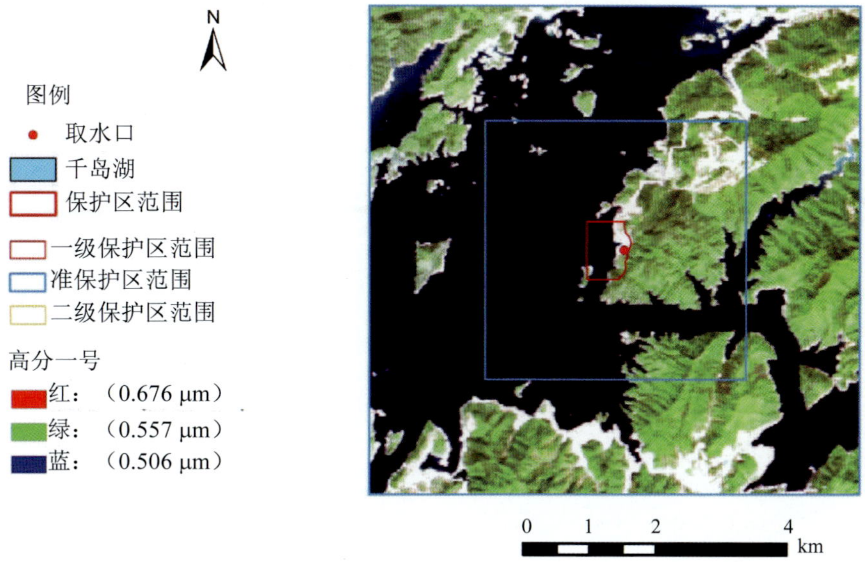

2019 年 11 月 3 日千岛湖野外采样点分布情况

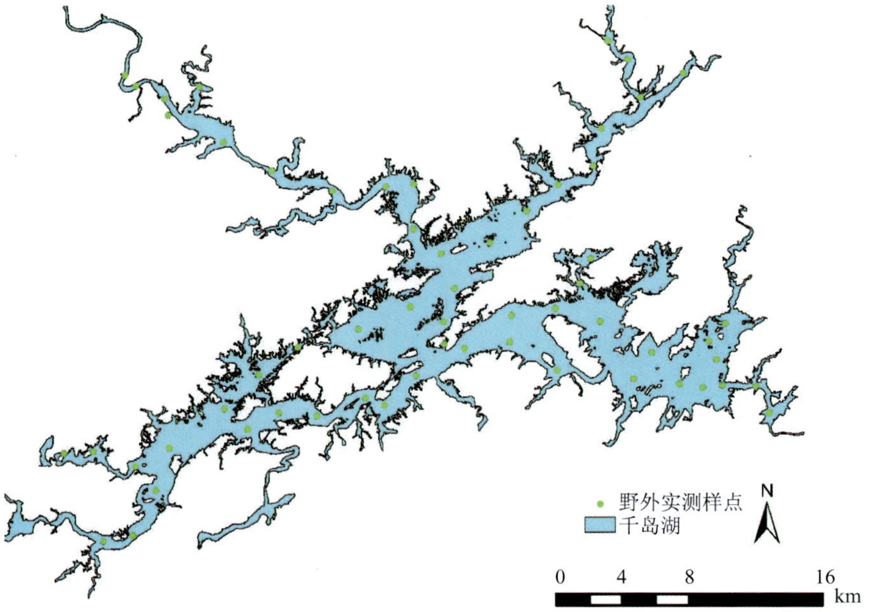

2018—2019 年千岛湖保护区土地覆盖类型

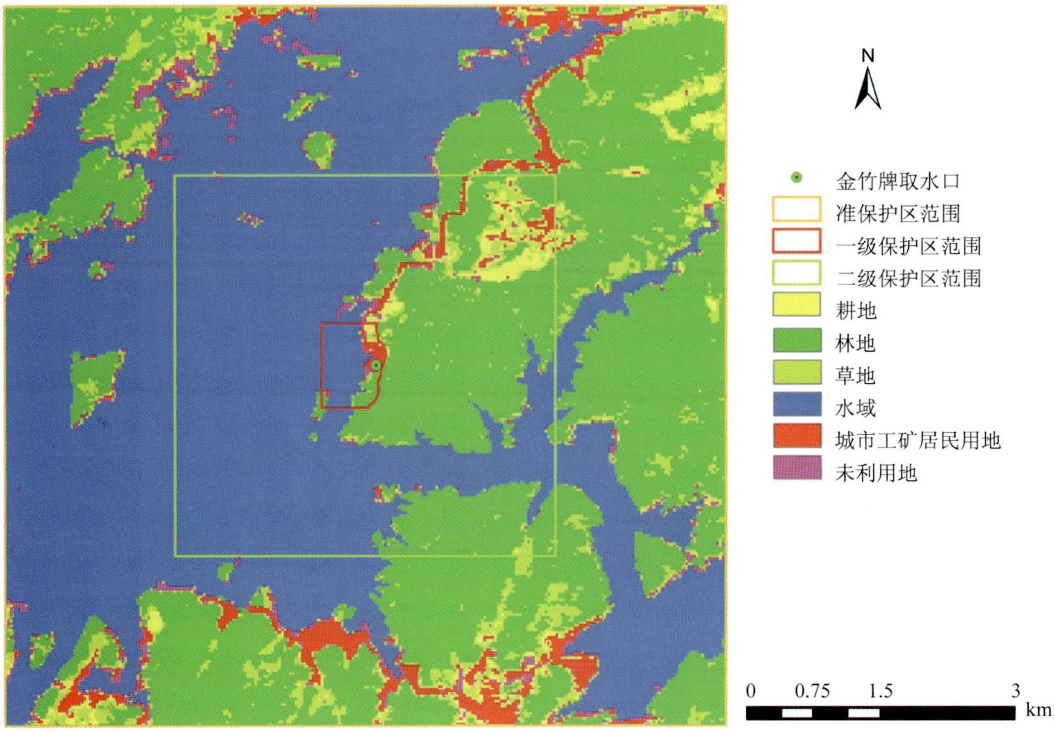

（a）2018 年 4 月 8 日

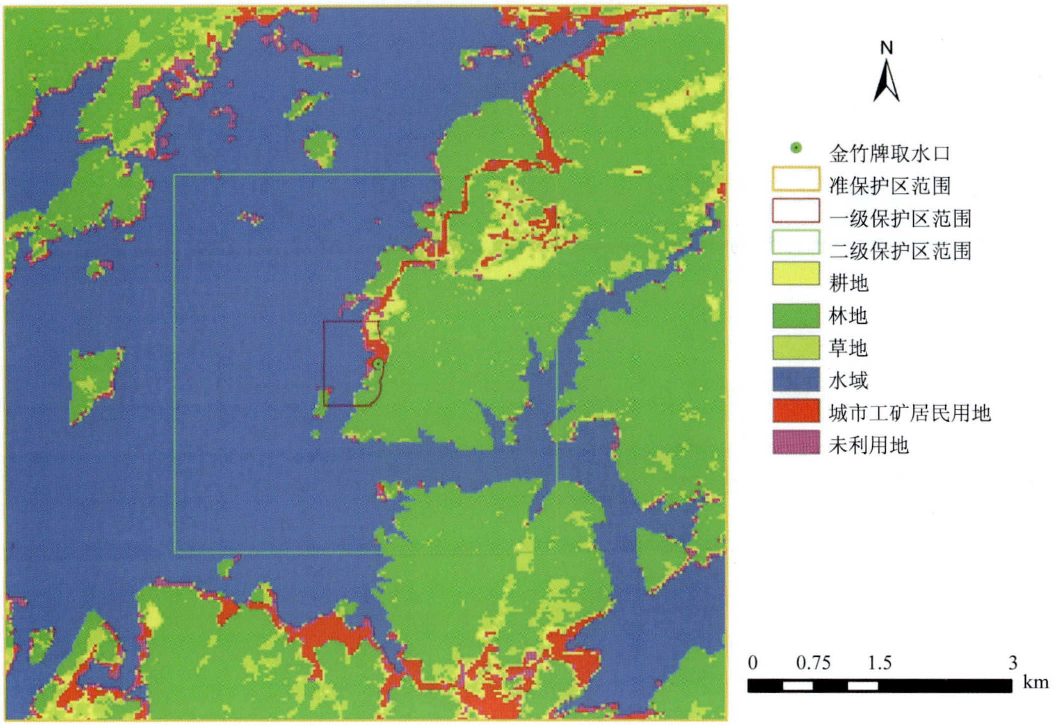

（b）2019 年 11 月 15 日

2015 年、2018 年基于高分一号卫星数据的南京市夹江饮用水水源地保护区分布

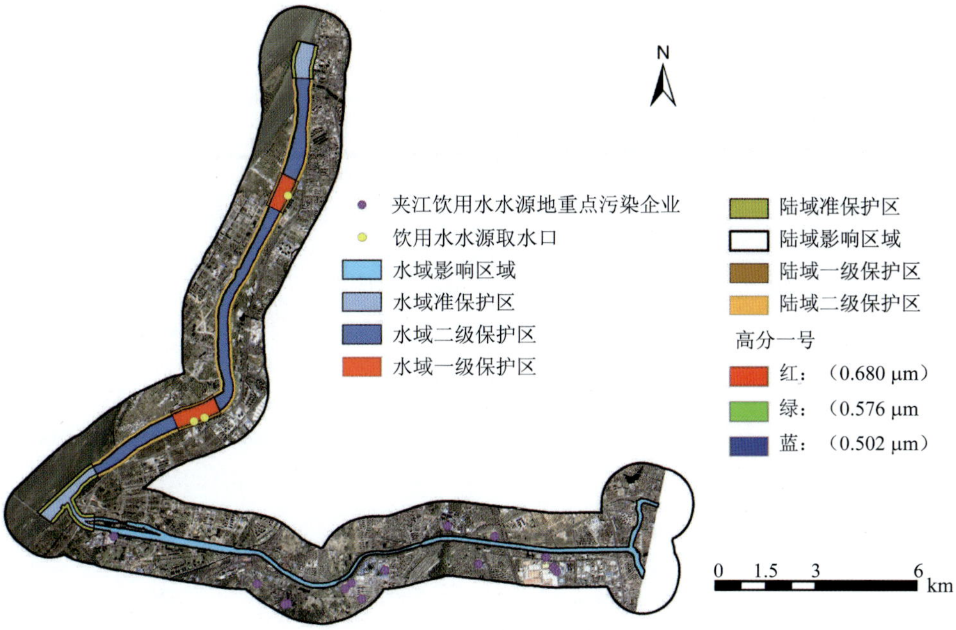

（a）2015 年 4 月 22 日

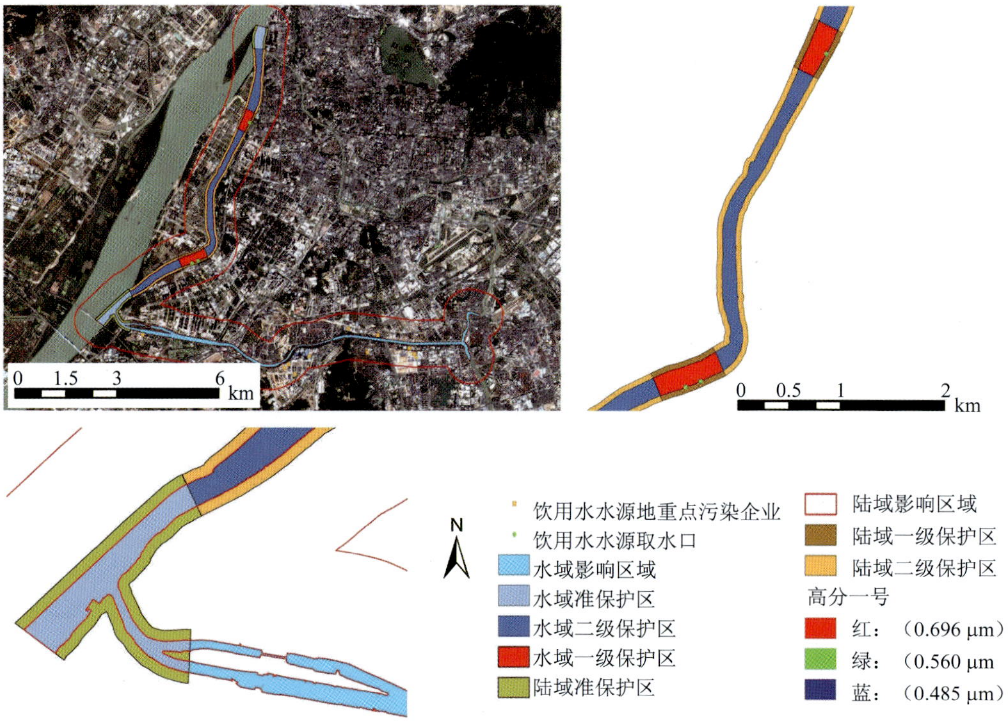

（b）2018 年 12 月 12 日

2018 年、2019 年基于高分一号卫星数据的南京市夹江饮用水水源地采样点分布

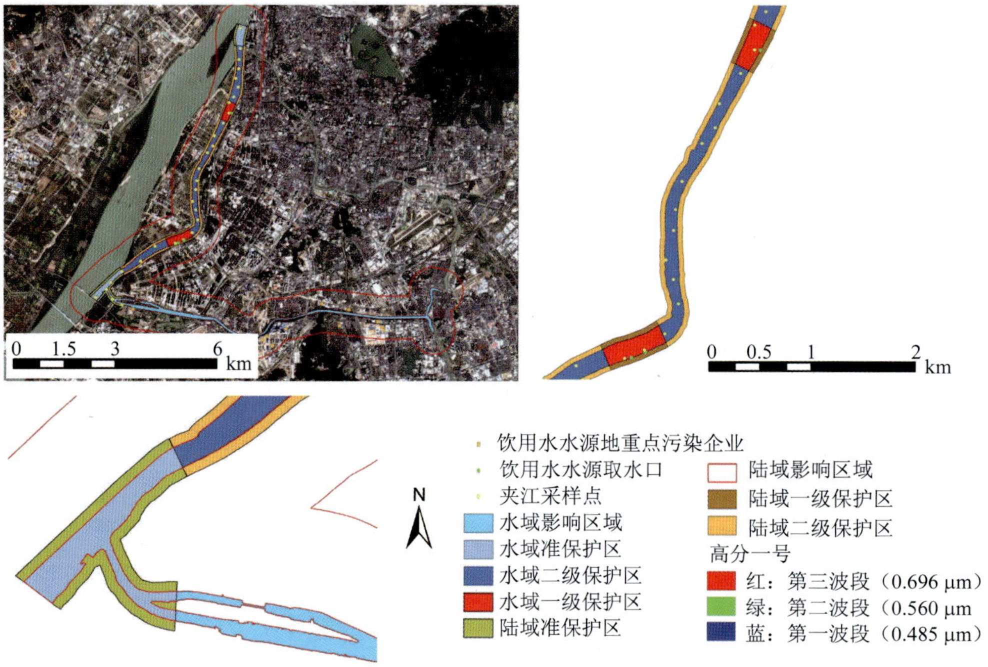

（a）2018 年 12 月 12 日

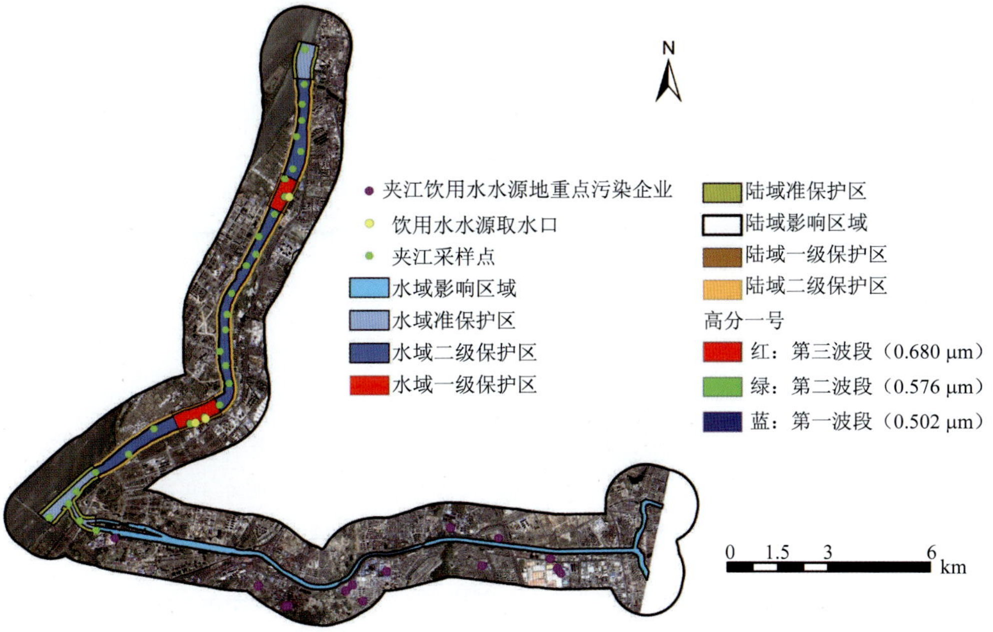

（b）2019 年 11 月 3 日

2015 年、2018 年基于高分一号卫星数据的南京市夹江饮用水水源地保护区土地覆盖类型

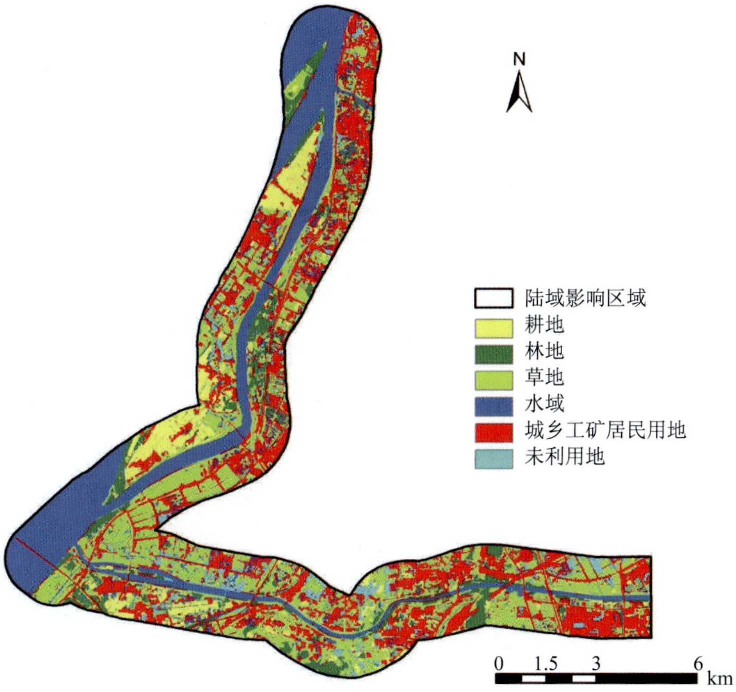

（a）2015 年 4 月 22 日

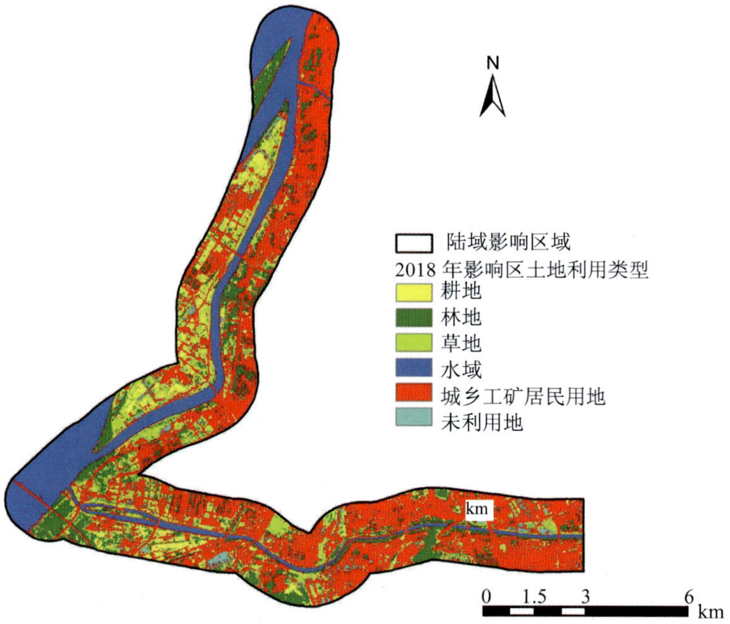

（b）2018 年 4 月 25 日

3.4 小结

城镇水体水质高分遥感与地面观测协同监测主要利用地面观测数据和高分遥感数据，研究黑臭水体及饮用水水源地光学辐射传输机理，并在此基础上基于深度学习模型、数据同化方法等，结合半经验模型、机理模型等，构建了星地协同的黑臭水体遥感识别模型、饮用水水源地叶绿素 a 浓度等水质参数反演模型；通过研究饮用水水源地风险源的面、线基元特征，建立了高精度的工矿用地、码头等风险源识别算法；结合地面观测数据、遥感反演数据，开展了模型方法的真实性检验，通过集成经过评价筛选的模型方法，开发完成了城镇水体水质遥感监测系统，实现了城镇黑臭水体遥感监测产品和饮用水水源地遥感监测产品的生产。该研究成果首次建立了“天-地”一体化的城镇水环境监测体系，创建了城镇黑臭水体遥感识别模型，监测精度优于 70%，提高了饮用水水源地水质参数反演、风险源提取精度，模型精度优于 85%，完成了城镇水体水质高分遥感监测分系统。该成果应用于生态环境、住房和城乡建设等领域，可快速、准确地生产城镇黑臭水体空间分布等 10 种产品，极大地提升了城镇水环境空间的信息服务水平，促进了国内城镇水环境监测能力的提高，对保障饮用水安全、提高水污染防治效率具有十分重要的应用价值。

4

城镇生态资源高分遥感与地面观测协同监测

4.1 城市地表温度协同监测

2013—2019 年重庆市北碚区地表温度监测

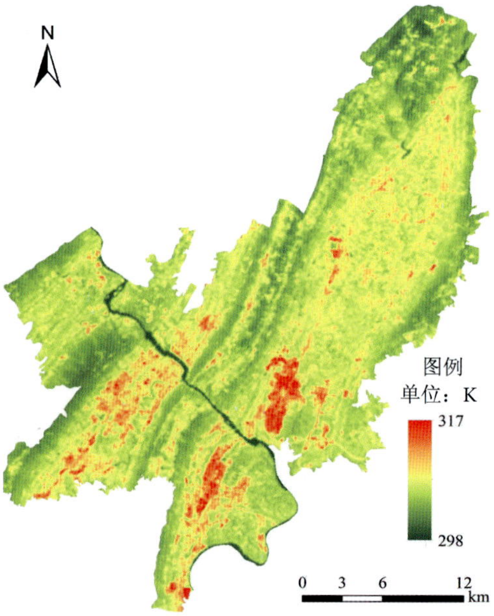

（a）2013 年 6 月 16 日

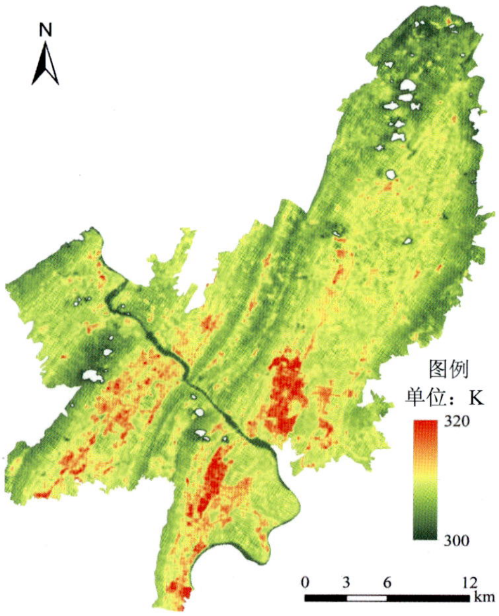

（b）2014 年 7 月 21 日

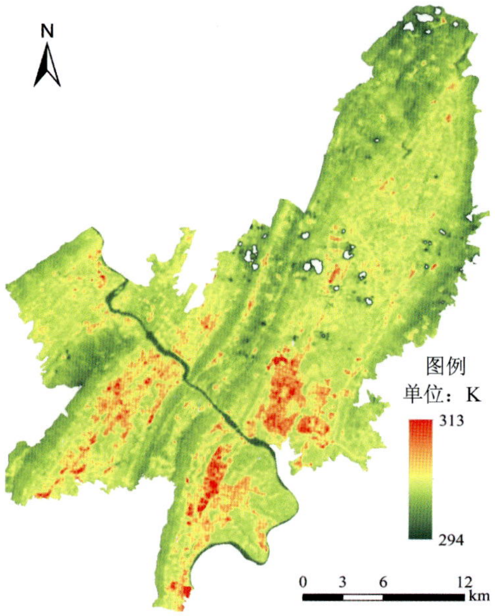

（c）2015 年 7 月 8 日

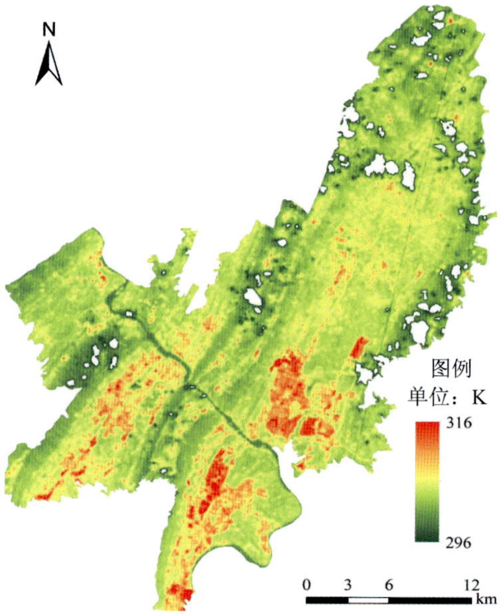

（d）2016 年 7 月 10 日

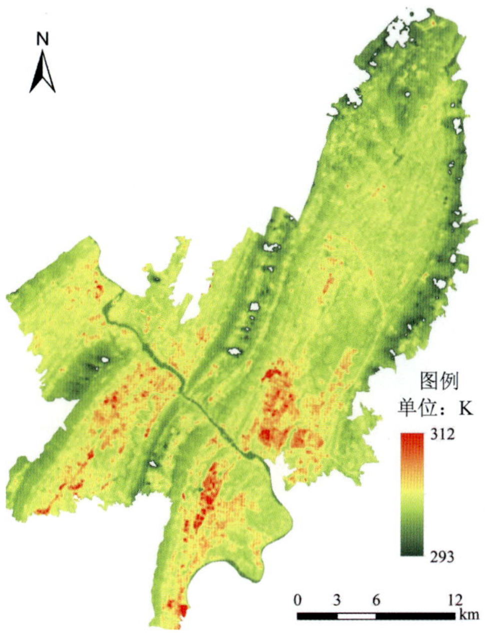

（e）2017 年 5 月 26 日

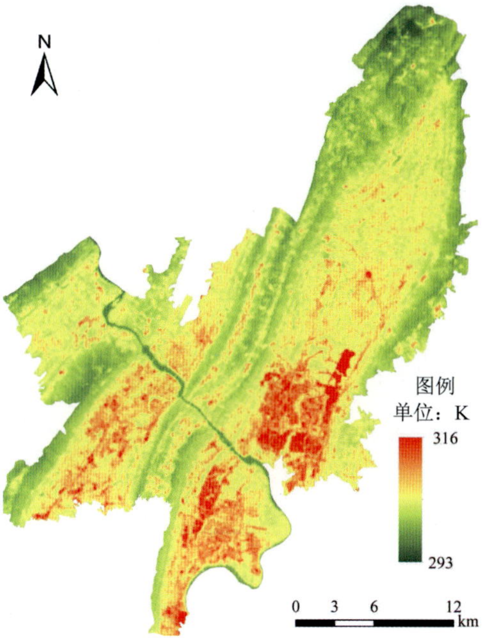

（f）2019 年 8 月 20 日

2013—2019 年重庆市北碚区城市热岛监测

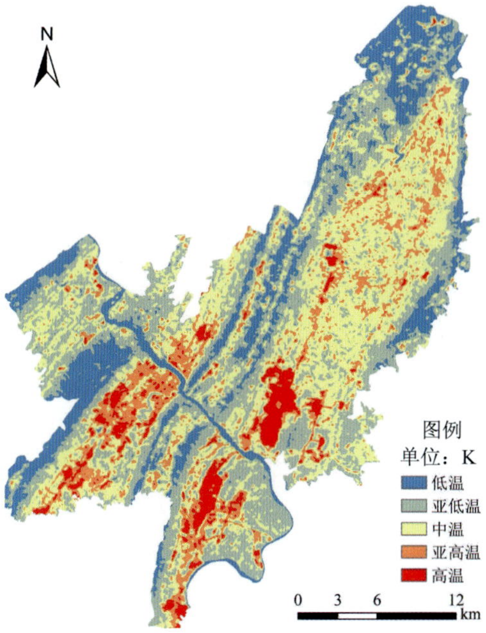

（a）2013 年 6 月 16 日

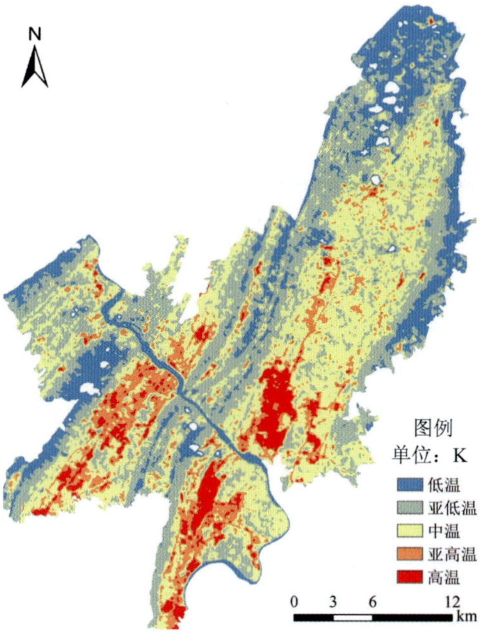

（b）2014 年 7 月 21 日

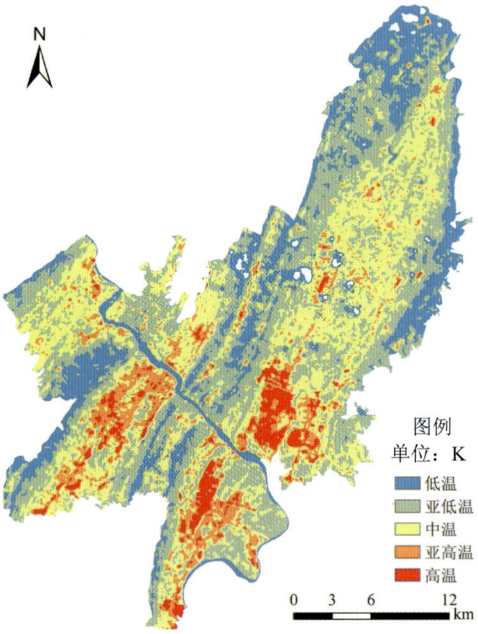

（c）2015 年 7 月 8 日

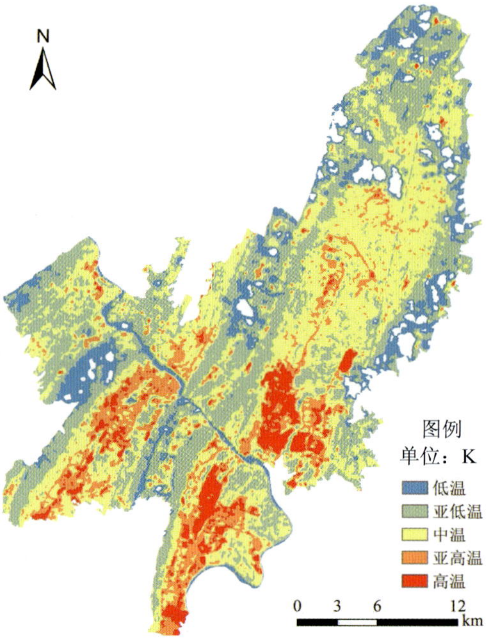

（d）2016 年 7 月 10 日

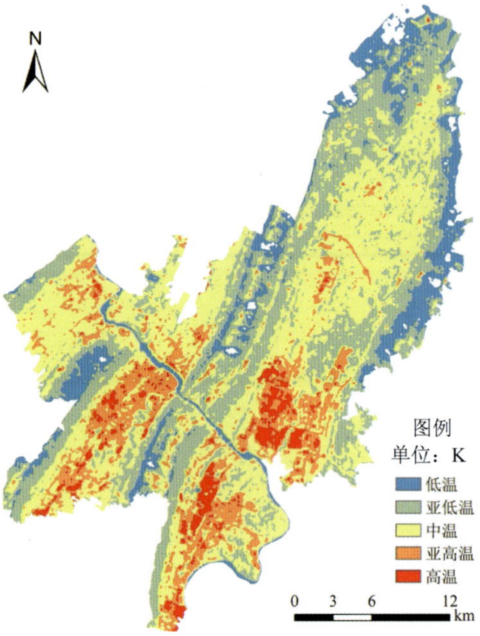

（e）2017 年 5 月 26 日

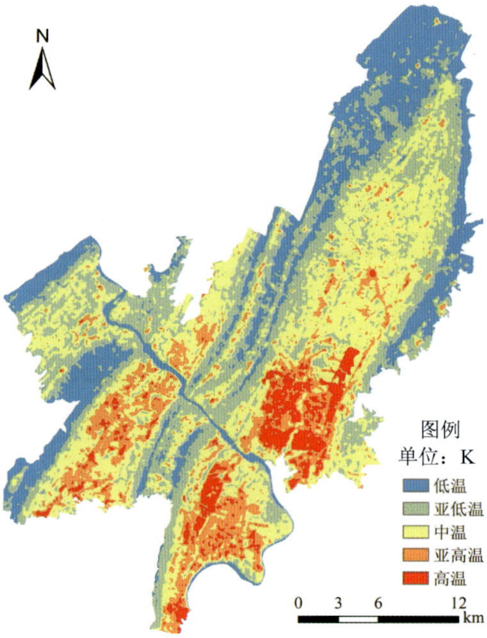

（f）2019 年 8 月 20 日

2014 年 7 月 23 日张掖市城区假彩色合成

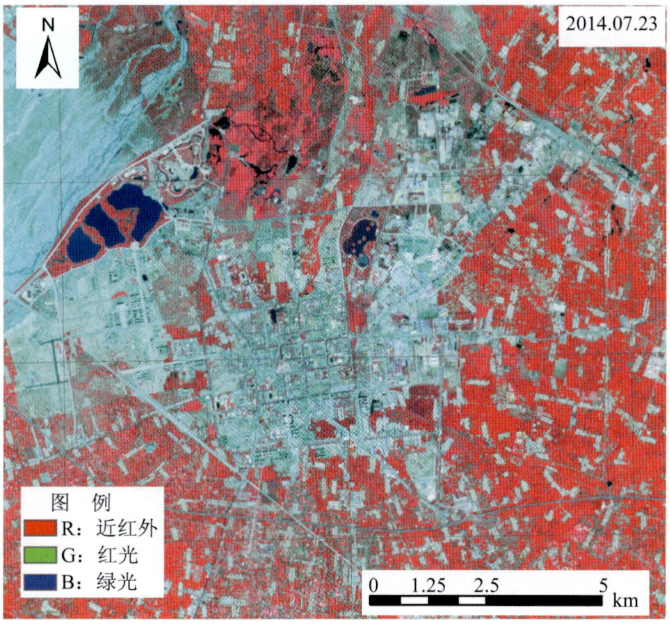

2001—2014 年张掖市多年城市热岛分布

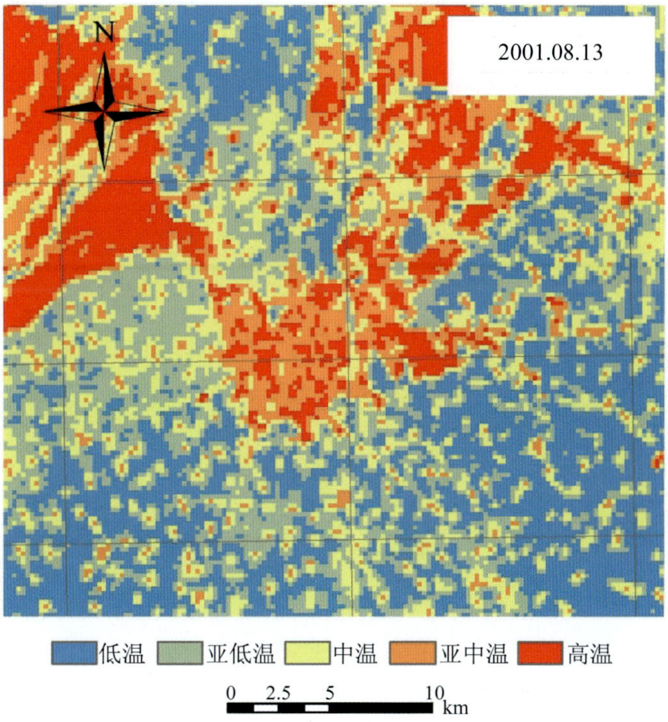

（a）2001 年 8 月 13 日

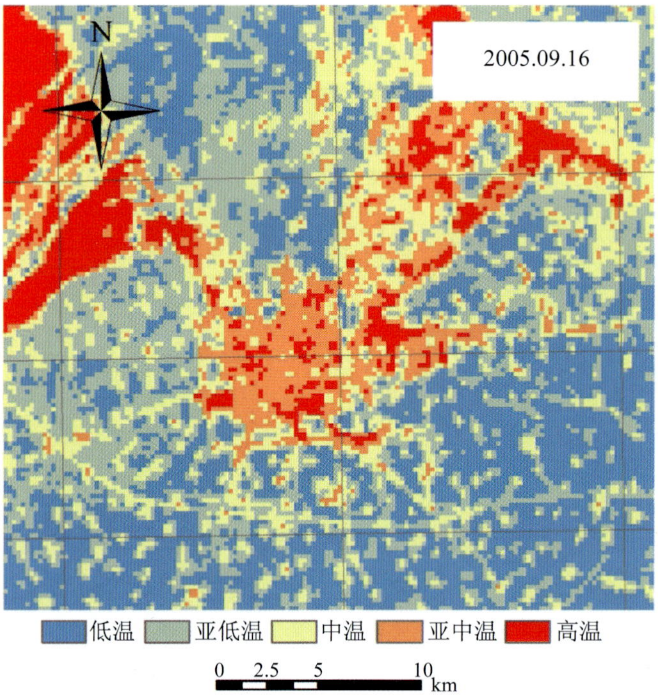

（b）2005 年 9 月 16 日

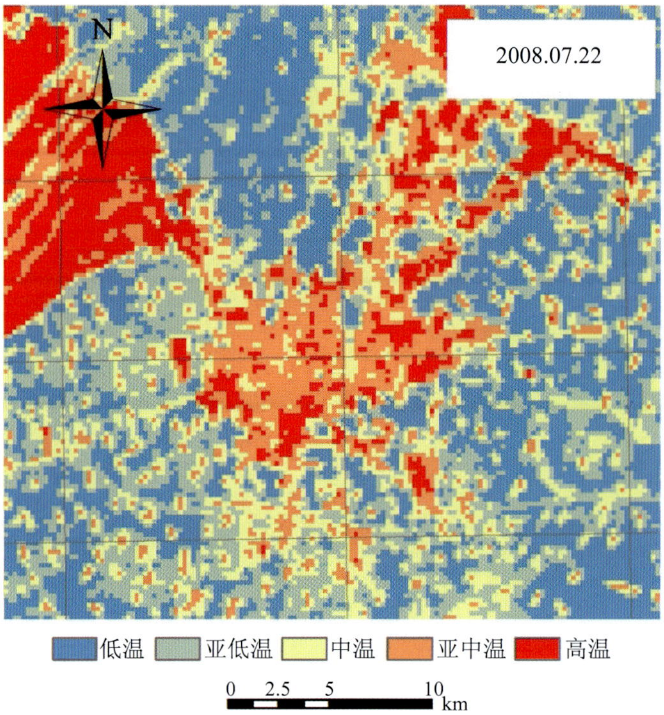

（c）2008 年 7 月 22 日

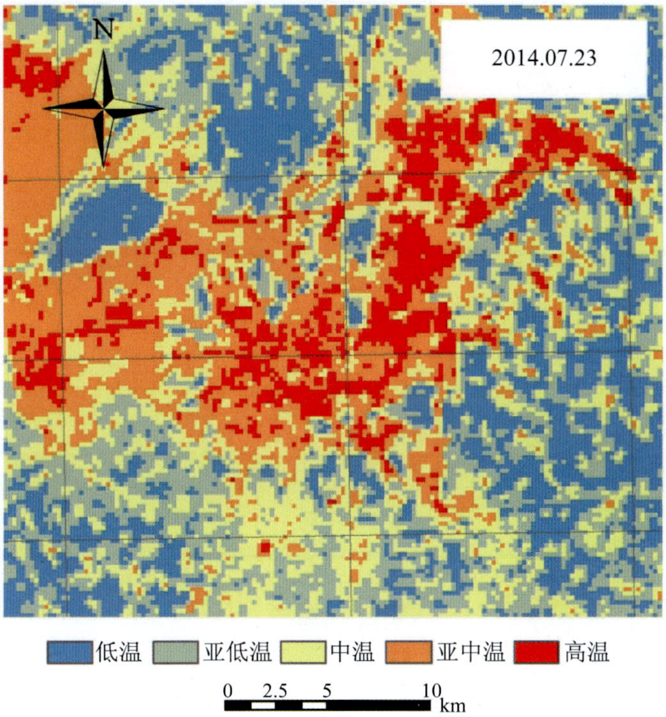

（d）2014 年 7 月 23 日

2019—2020 年基于 Landsat8 卫星数据的南京市地表温度

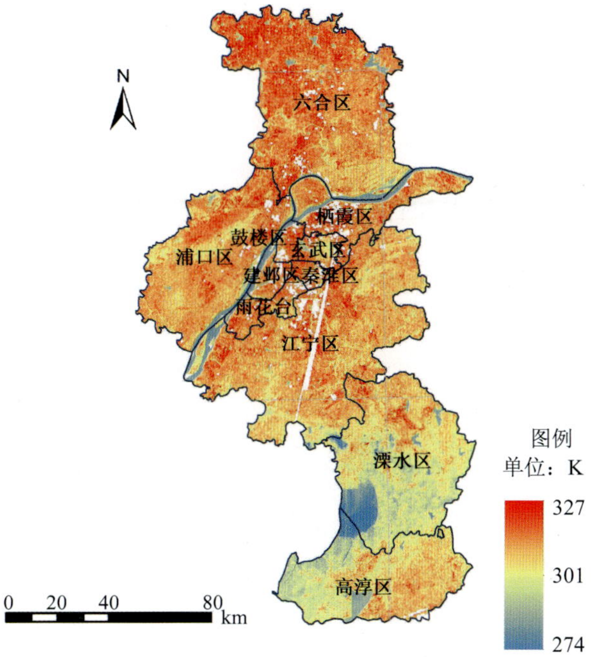

（a）2019 年 4 月 6 日

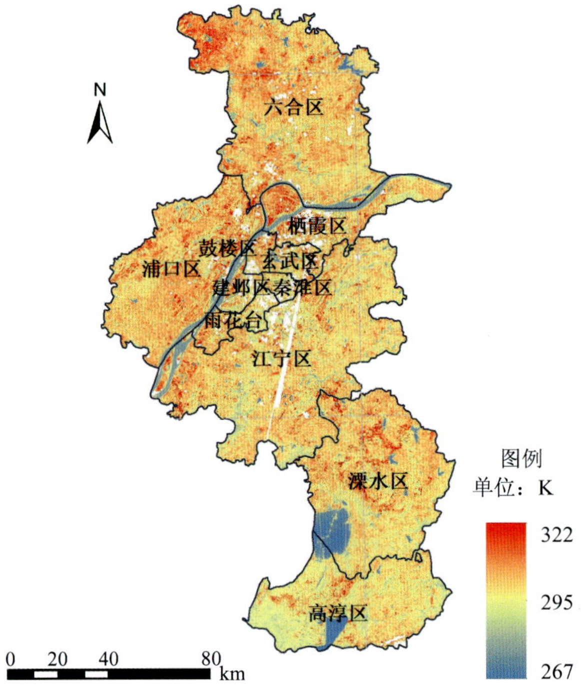

（b）2020 年 2 月 20 日

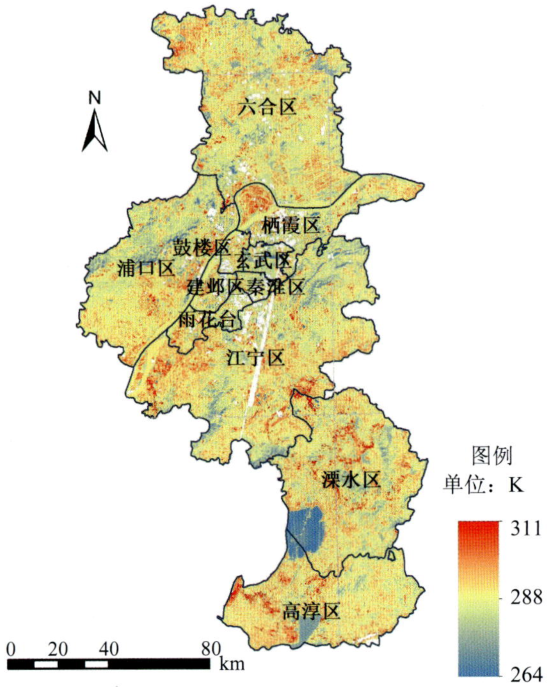

（c）2020 年 12 月 20 日

2019—2020 年基于 Landsat8 的南京市热岛效应

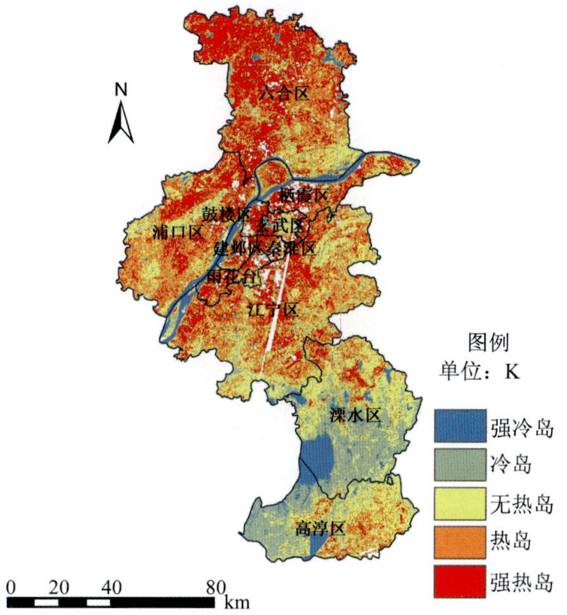

（a）2019 年 4 月 6 日

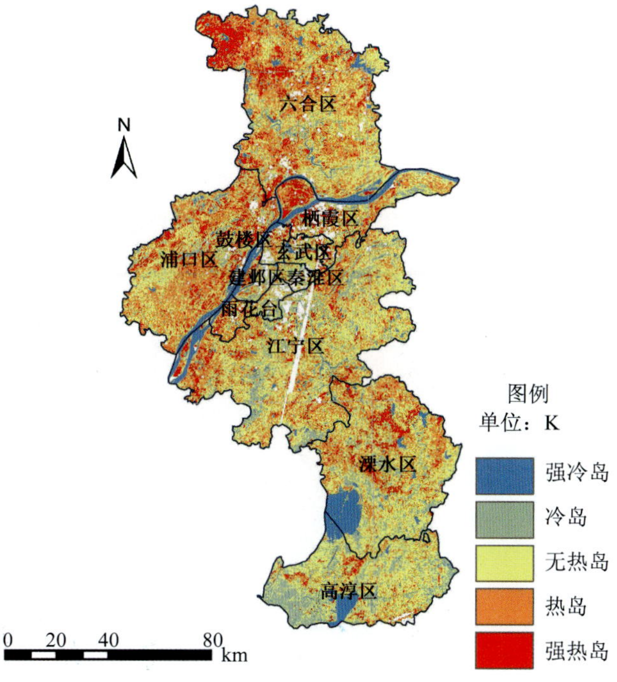

（b）2020 年 2 月 20 日

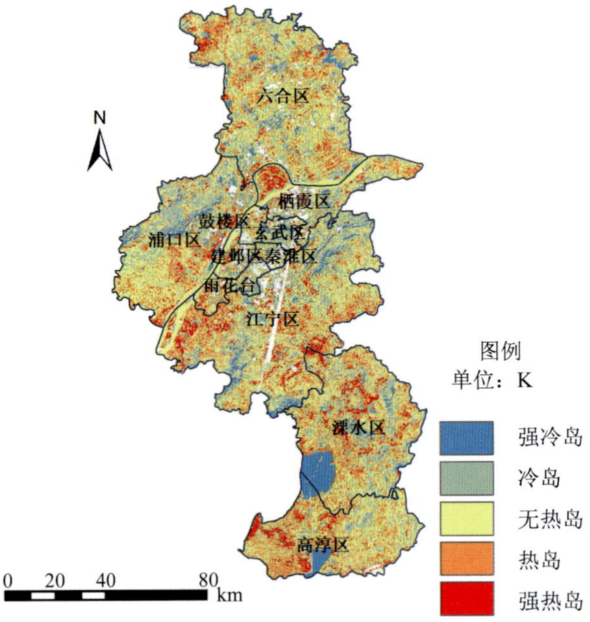

（c）2020 年 12 月 20 日

4.2　城镇园林绿地资源高分遥感监测

2020 年重庆市北碚区绿地信息产品

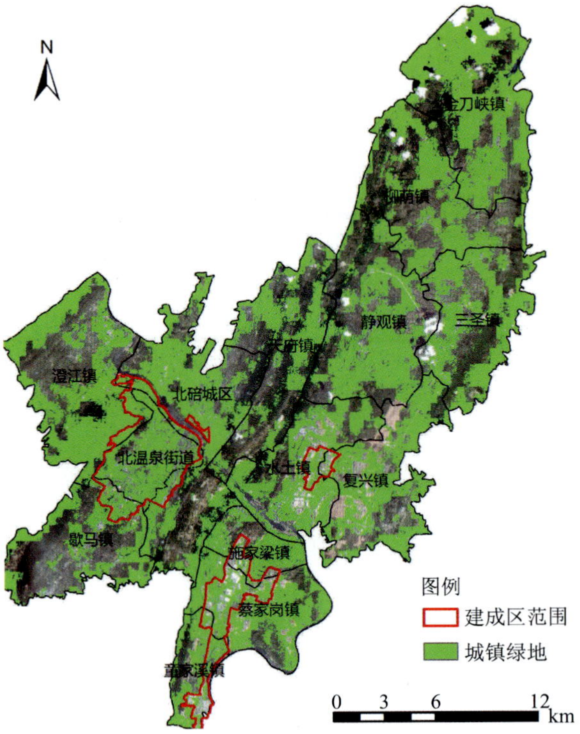

2020 年重庆市北碚区公园服务水平产品

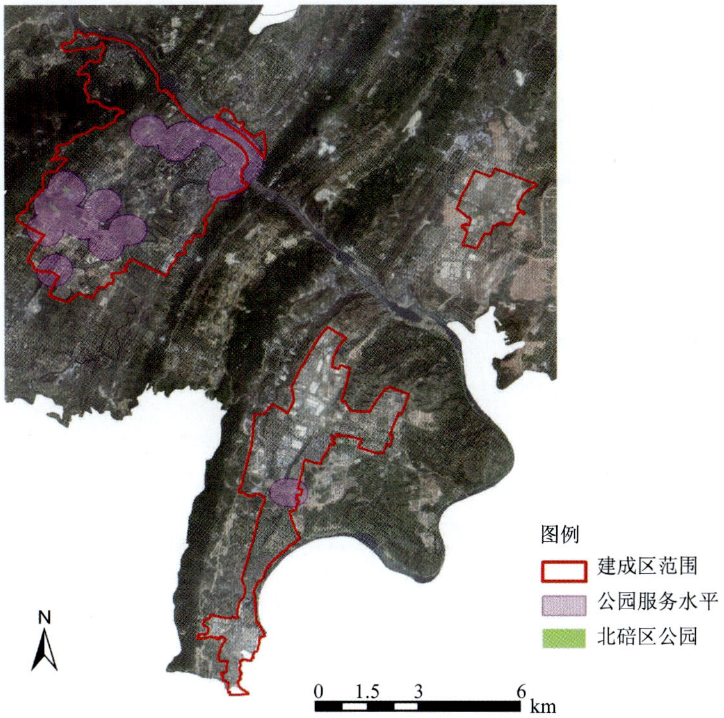

2019 年青岛市园林绿地分布遥感信息提取

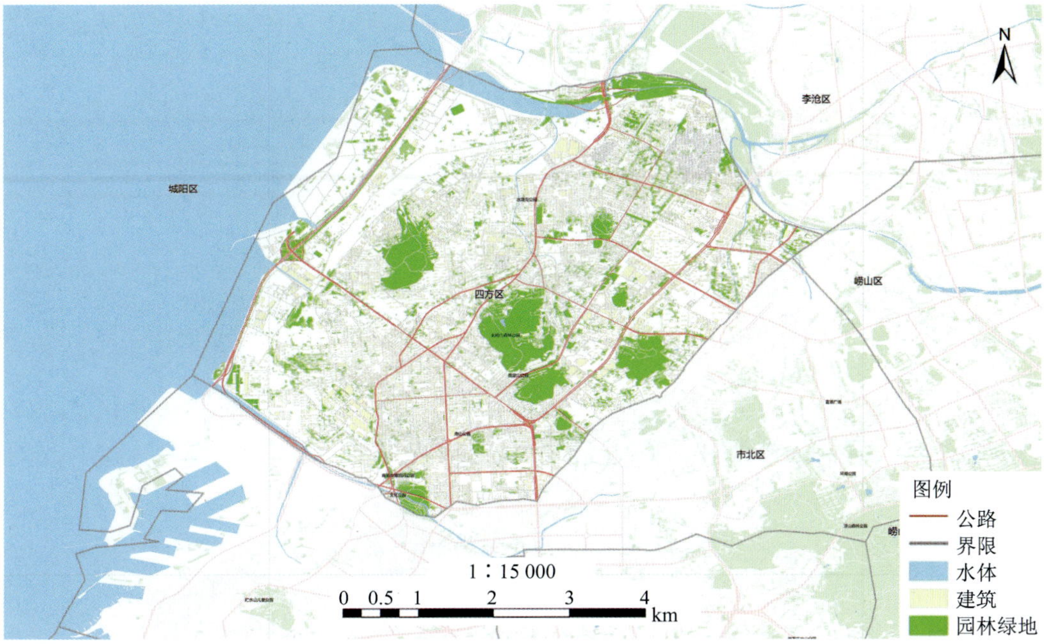

（a）四方区

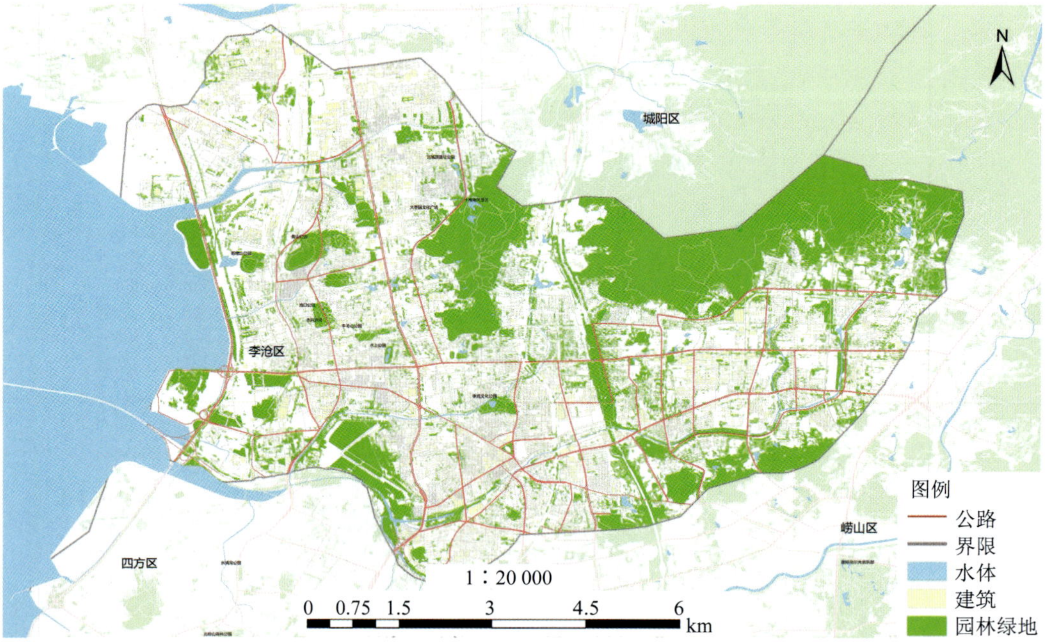
N
城阳区
李沧区
崂山区
四方区
1：20 000
0 0.75 1.5 3 4.5 6
km
图例
公路
界限
水体
建筑
园林绿地

（b）李沧区

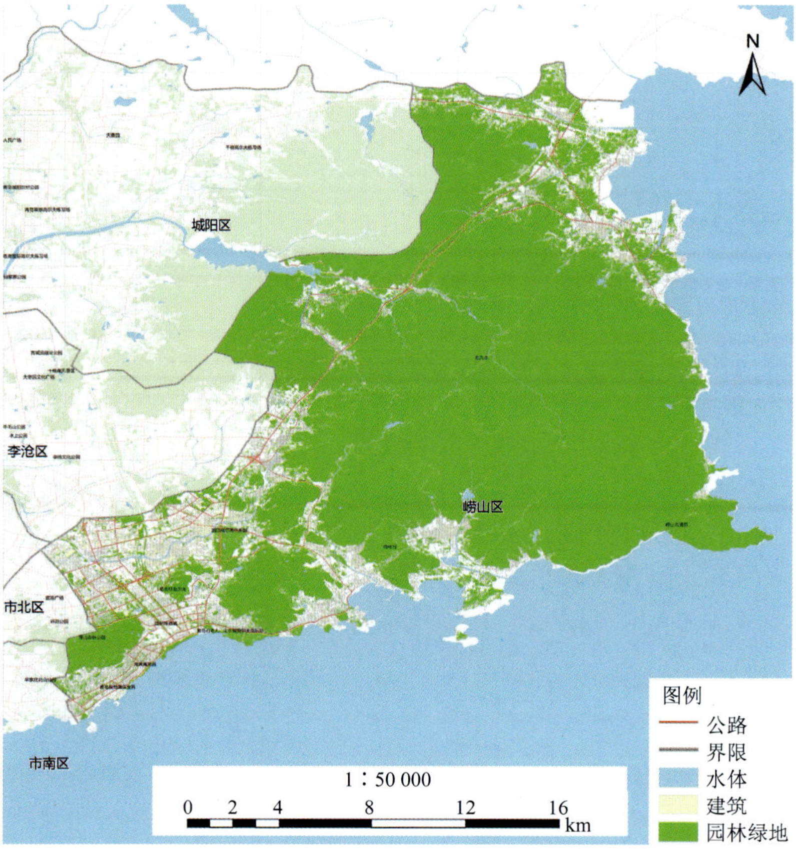
N
城阳区
李沧区
崂山区
市北区
市南区
1：50 000
0 2 4 8 12 16
km
图例
公路
界限
水体
建筑
园林绿地

（c）崂山区

（d）城阳区

2018 年西宁市园林绿地分布遥感信息提取

（a）城北区

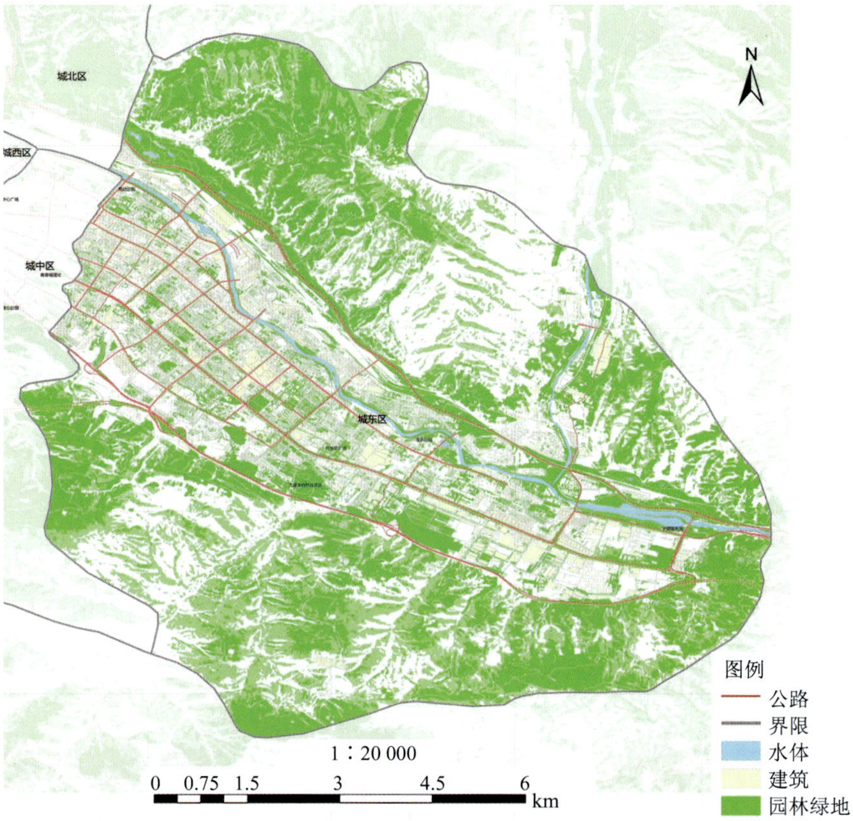
N
城北区
城西区
城中区
城东区
图例
公路
界限
水体
建筑
园林绿地
1：20 000
0 0.75 1.5 3 4.5 6
km

（b）城东区

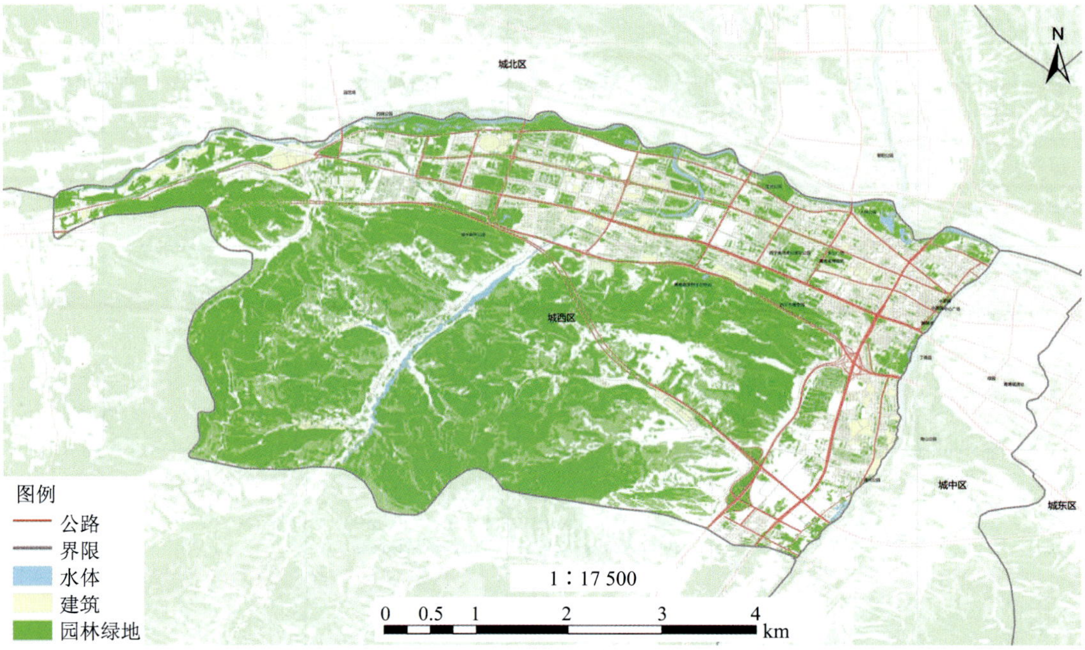
N
城北区
城西区
城中区
城东区
图例
公路
界限
水体
建筑
园林绿地
1：17 500
0 0.5 1 2 3 4
km

（c）城西区

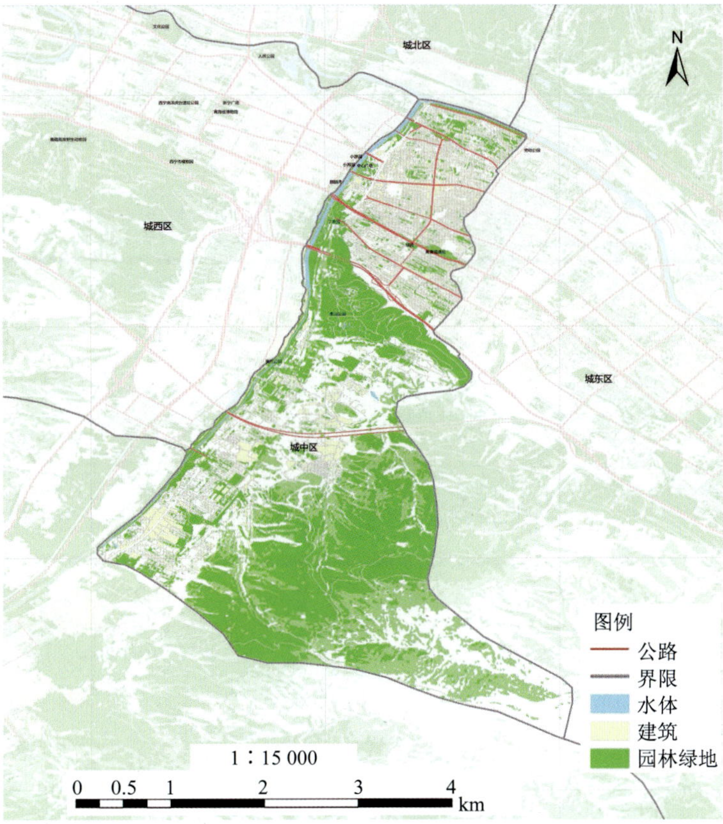

（d）城中区

2020 年西宁市园林绿地分布遥感信息提取

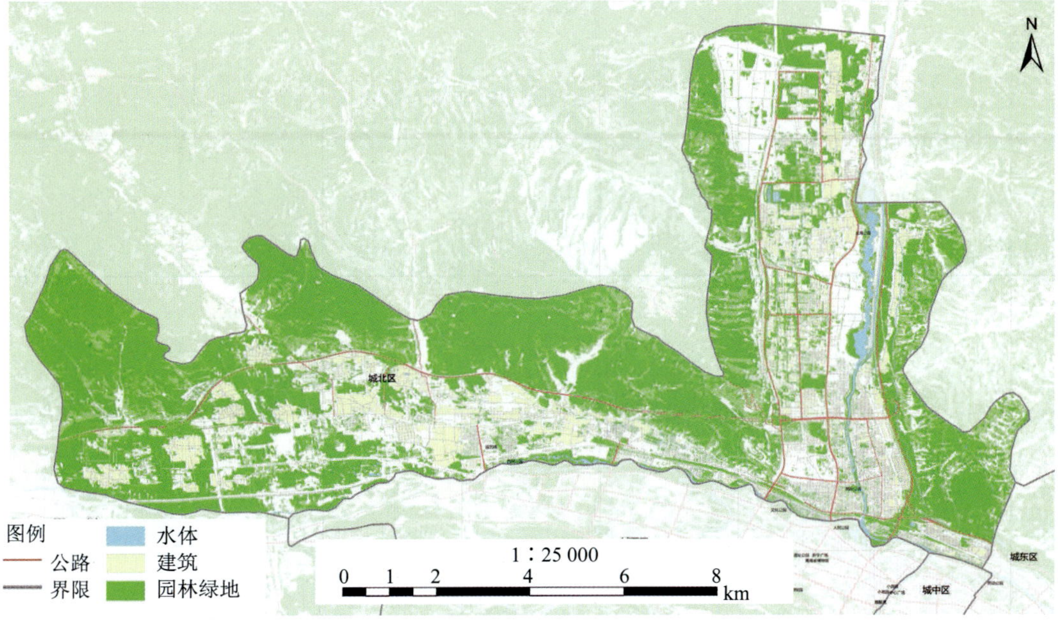

（a）城北区

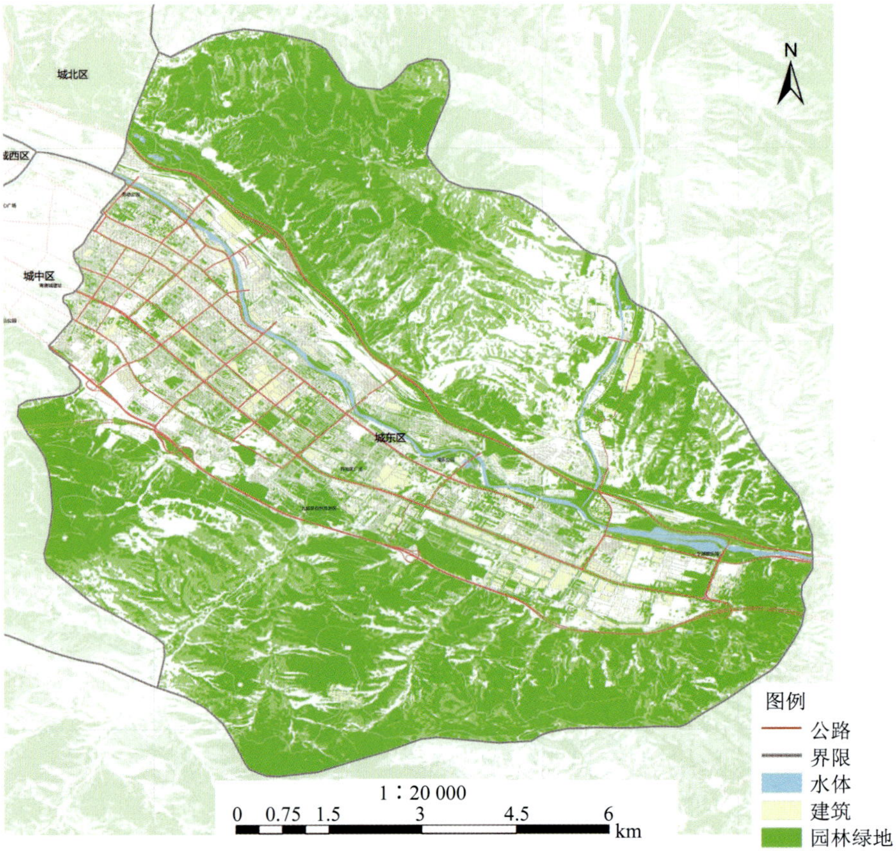
N
城北区
城西区
城中区
城东区
图例
公路
界限
水体
建筑
园林绿地
1∶20 000
0 0.75 1.5 3 4.5 6
km

（b）城东区

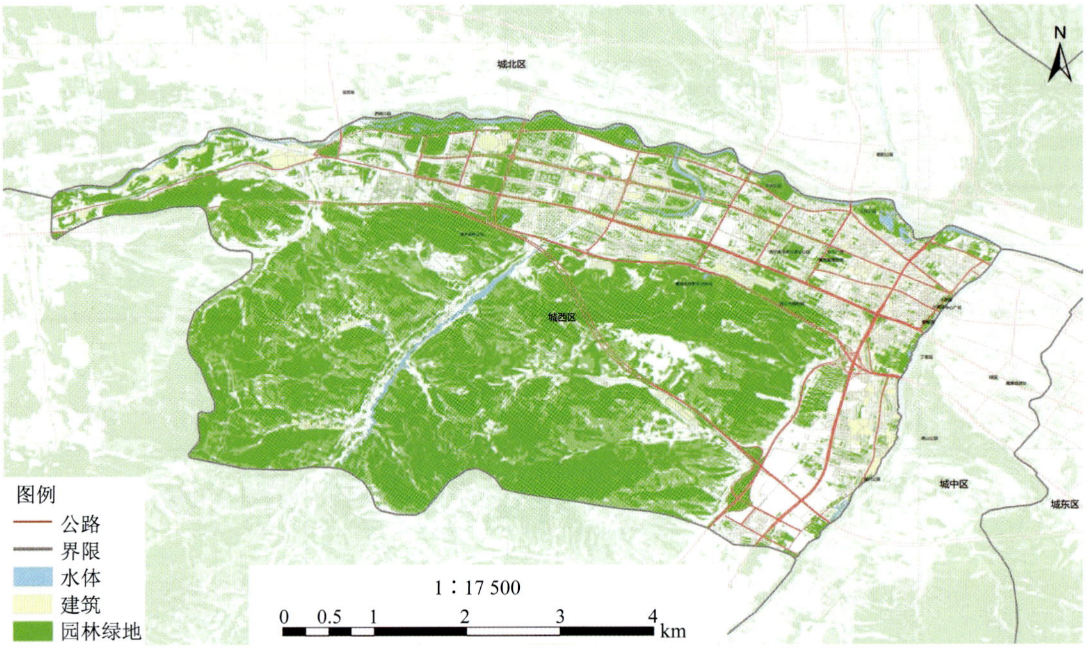
N
城北区
城西区
城中区
城东区
图例
公路
界限
水体
建筑
园林绿地
1∶17 500
0 0.5 1 2 3 4
km

（c）城西区

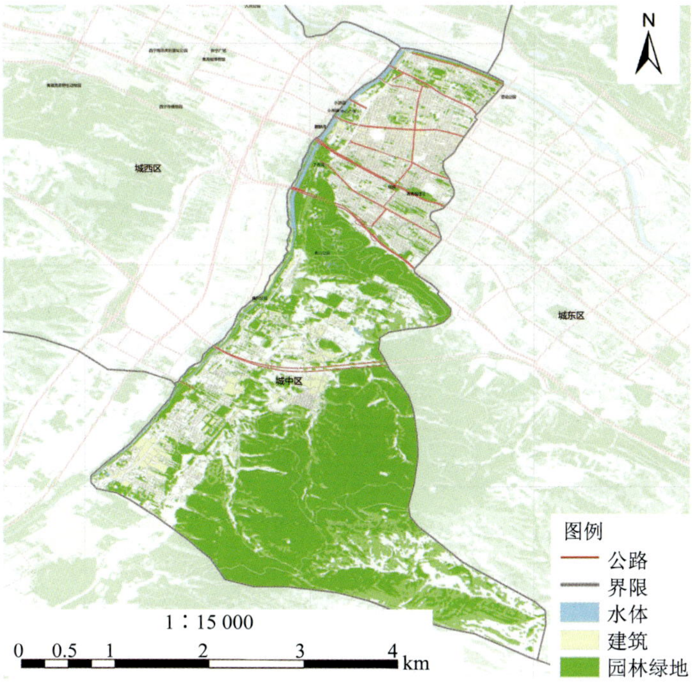

（d）城中区

4.3 生态功能区生态要素遥感监测

2019—2020 年基于 Sentinel2*卫星数据的太湖生态功能区水体范围

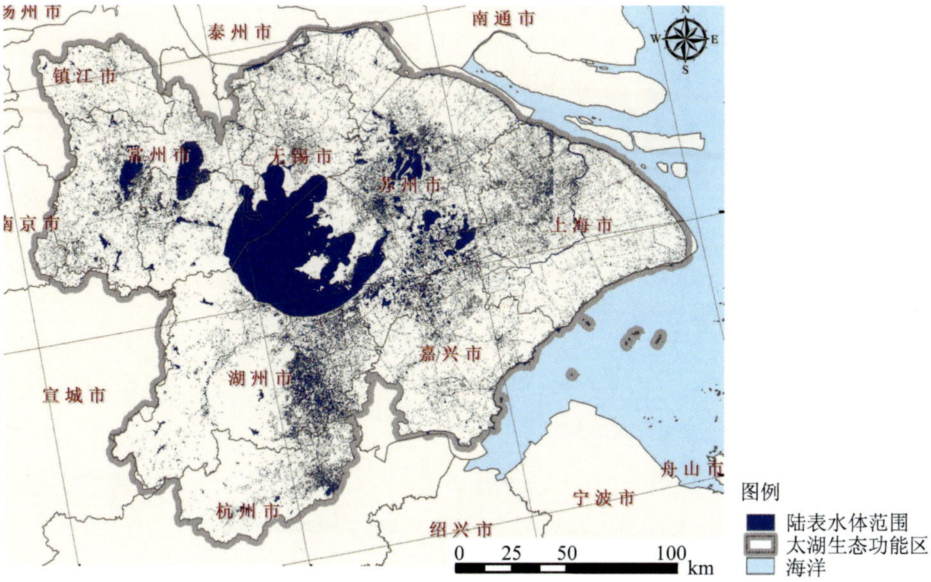

（a）2019 年 3 月

* Sentinel2 即哨兵 2 号卫星。

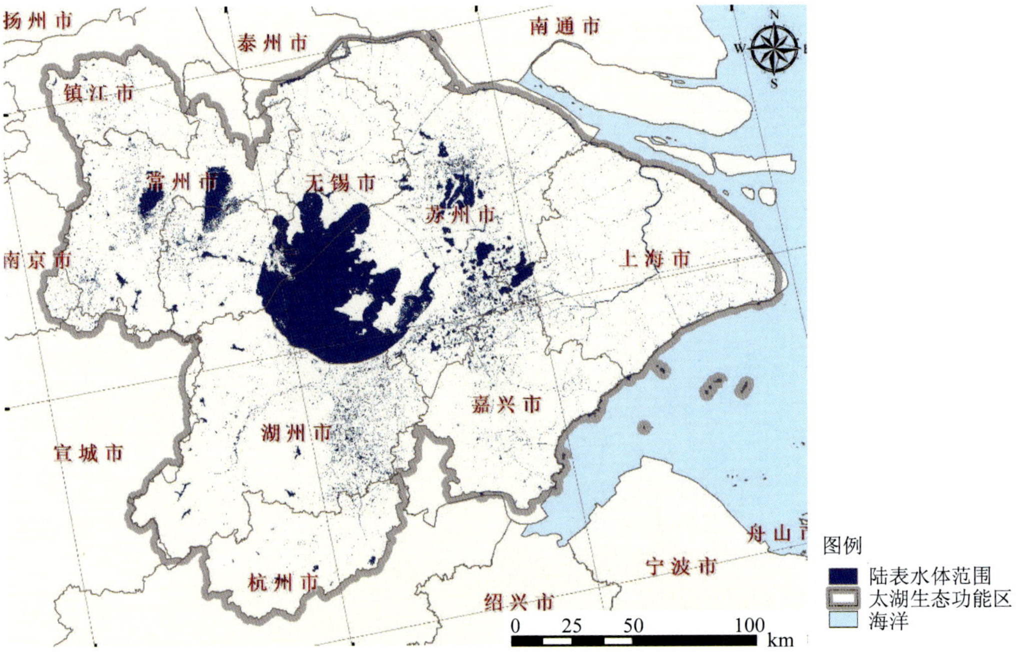

（b）2019 年 5 月

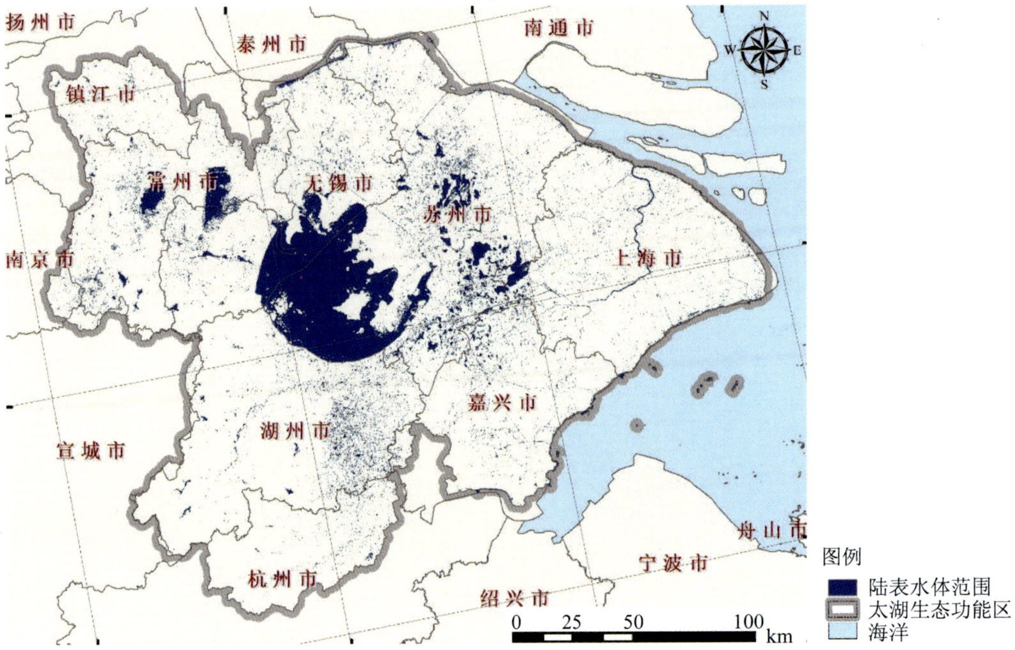

（c）2019 年 7 月

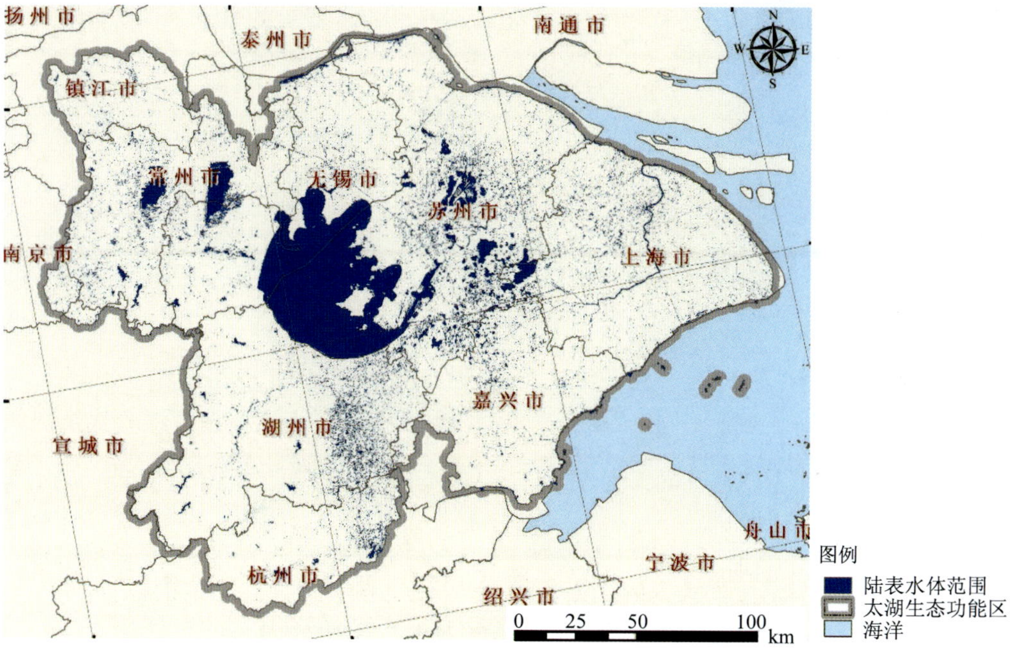

（d）2019 年 9 月

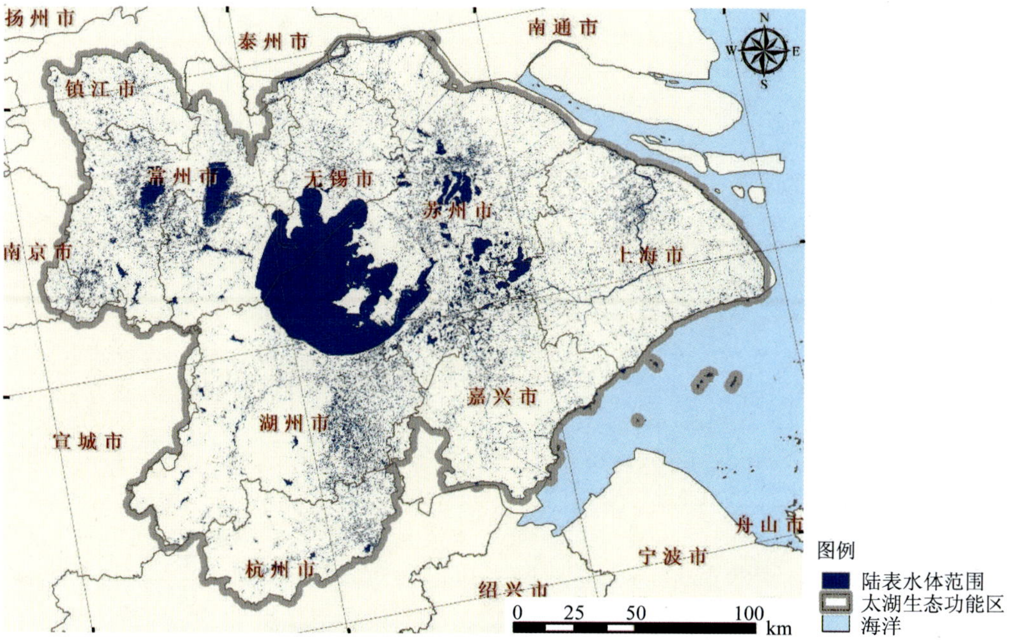

（e）2019 年 11 月

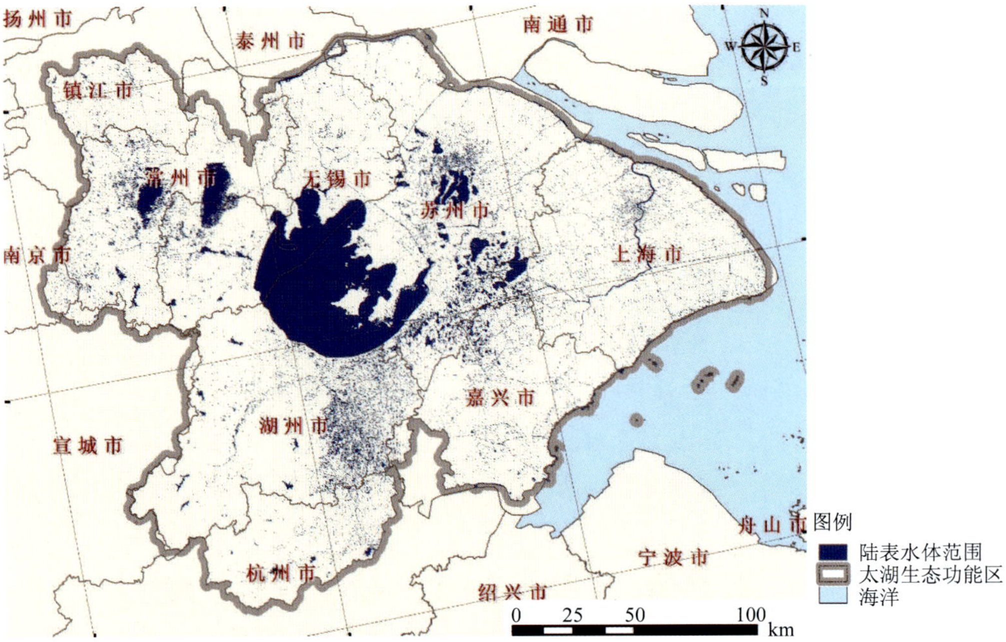

（f）2020 年 3 月

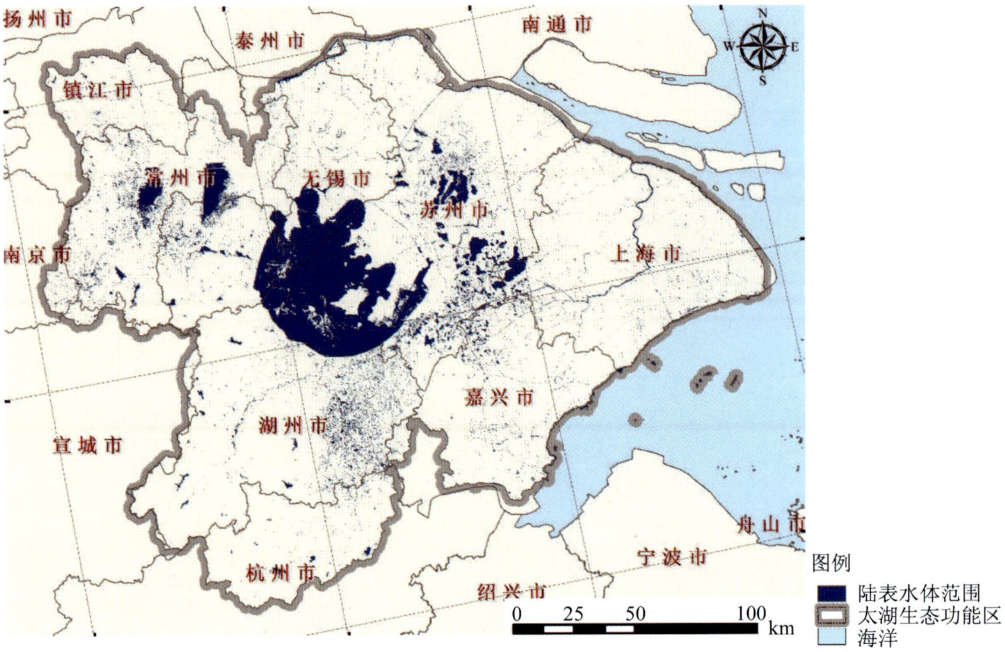

（g）2020 年 5 月

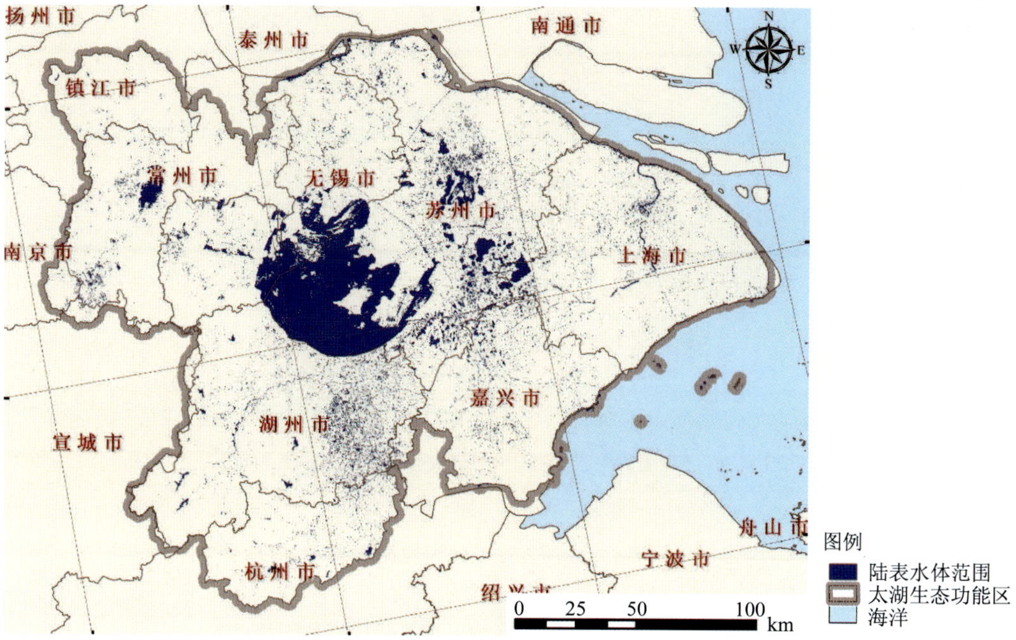

（h）2020 年 7 月

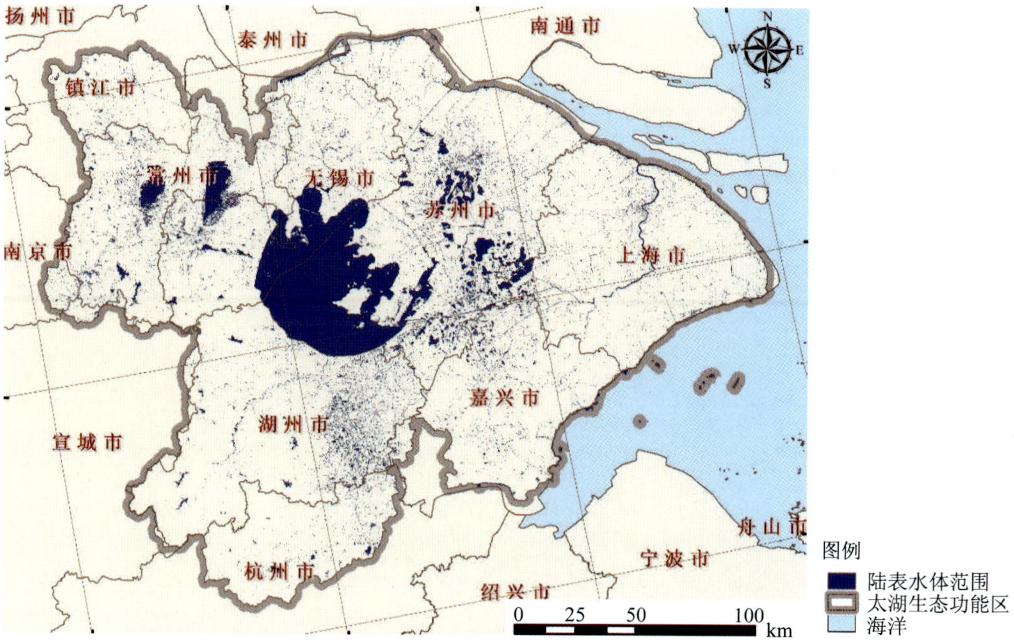

（i）2020 年 9 月

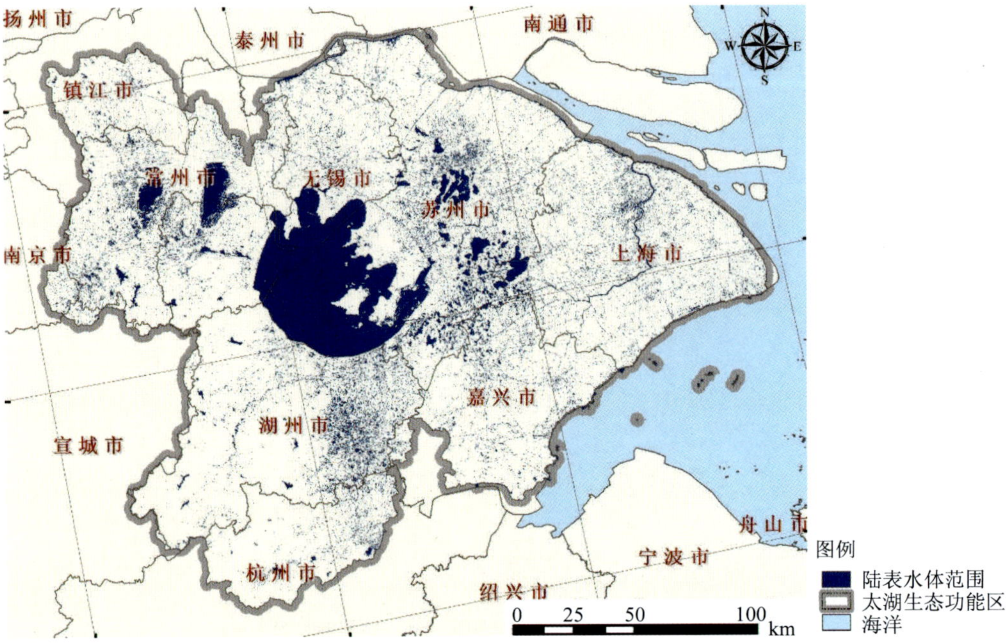

(j) 2020 年 11 月

2019 年 3 月基于 Sentinel2 卫星数据的太湖生态功能区植被覆盖度

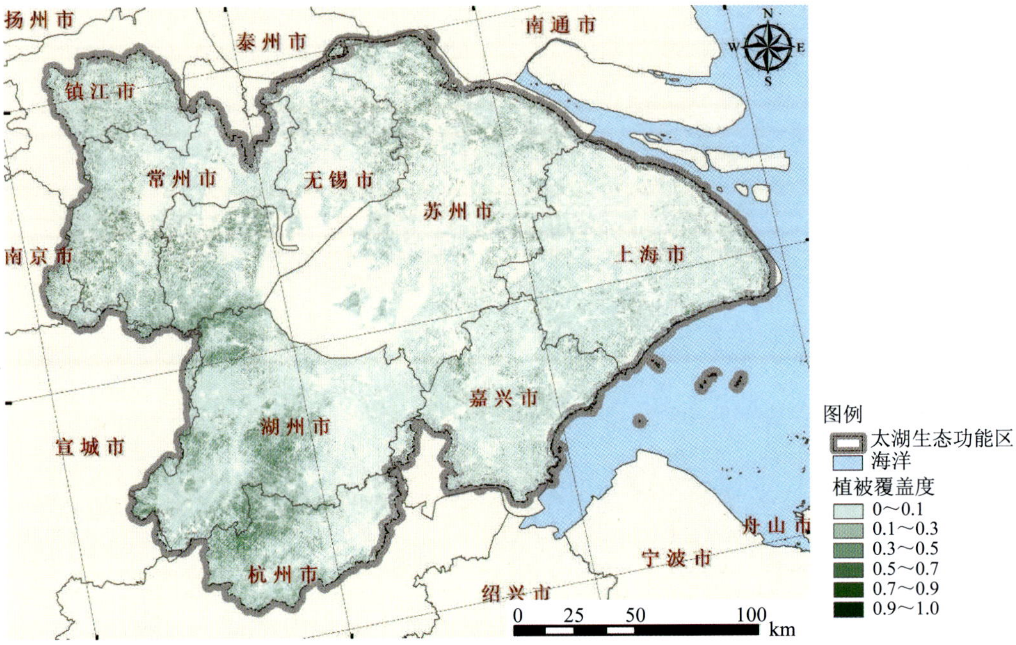

(a) 2019 年 3 月

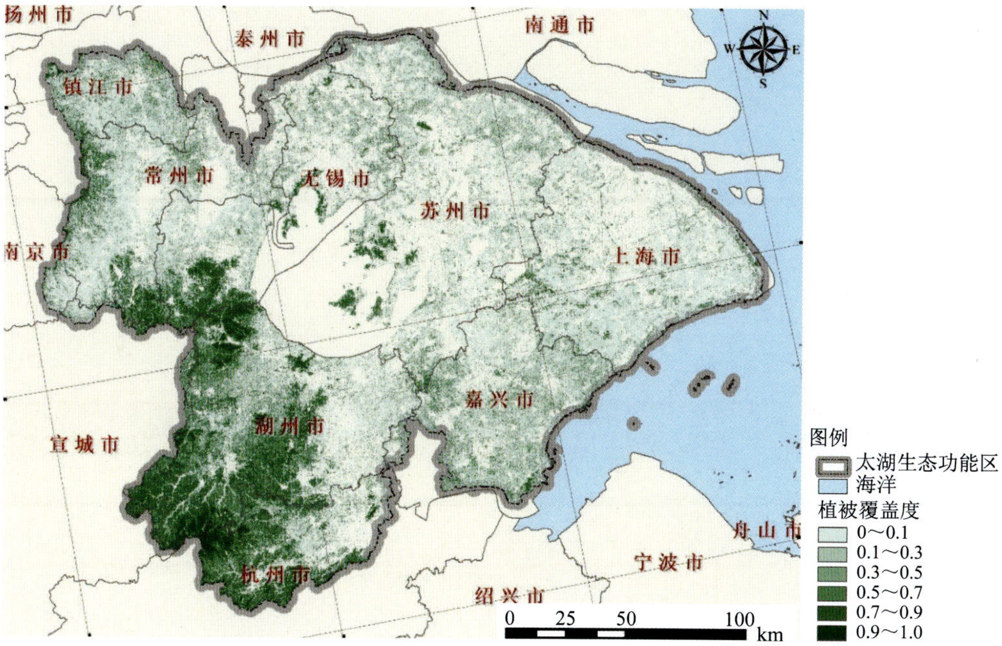

（b）2019 年 5 月

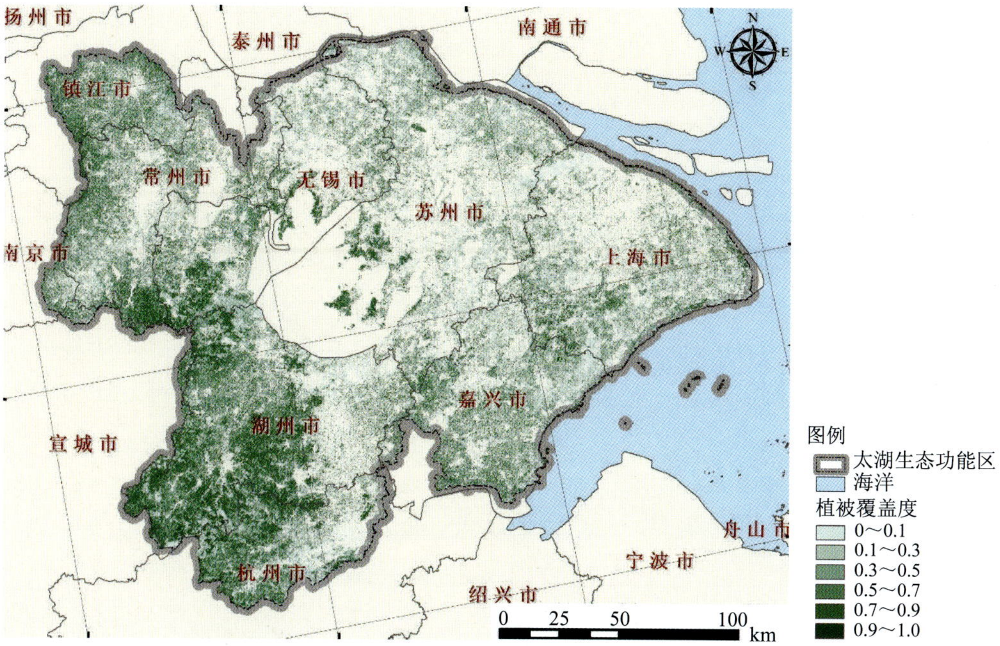

（c）2019 年 7 月

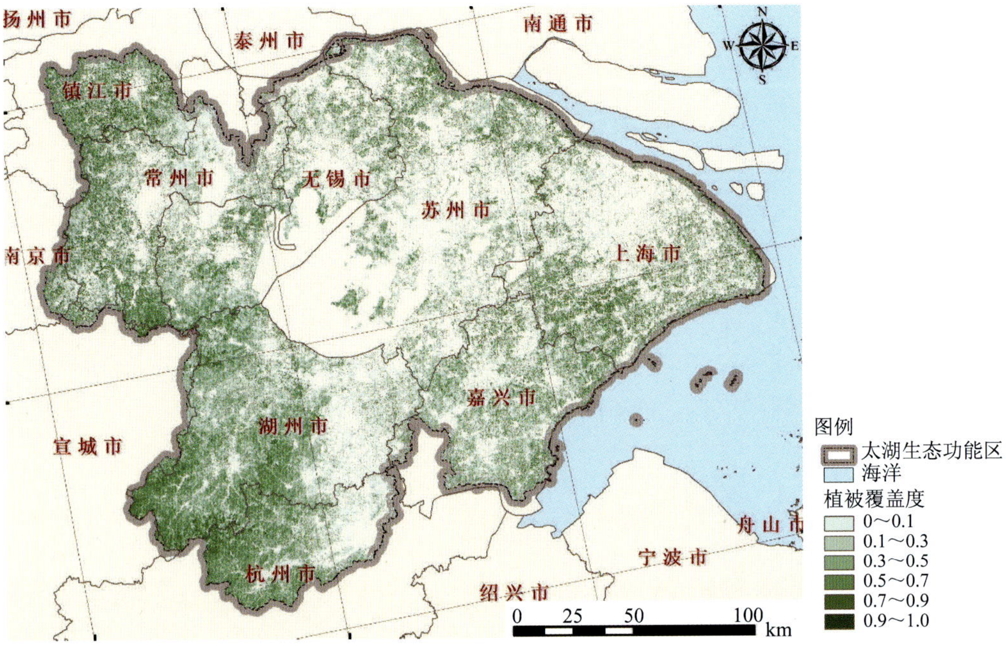

（d）2019 年 9 月

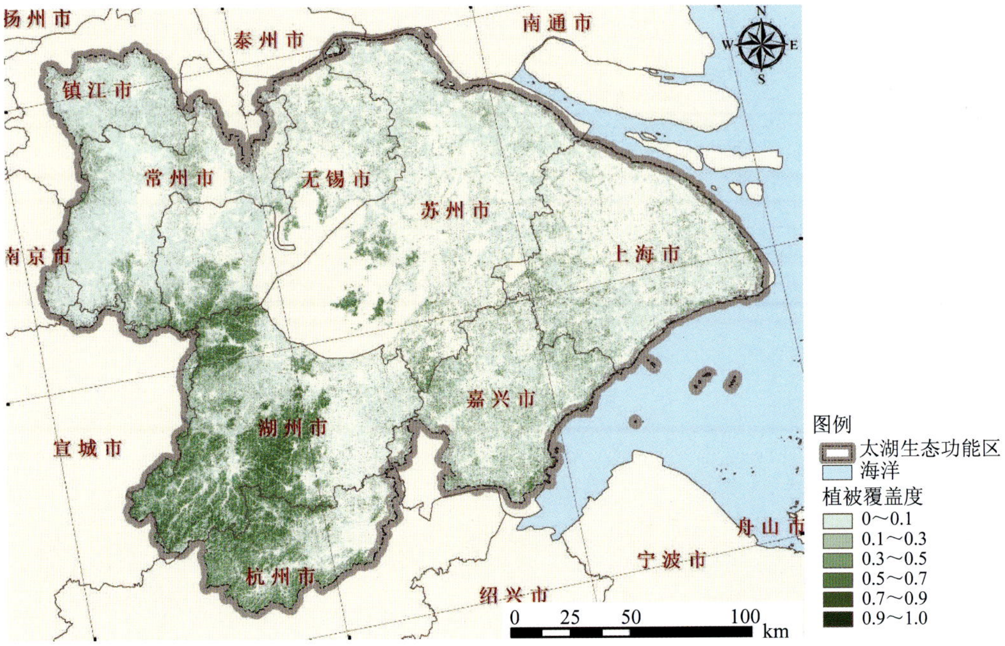

（e）2019 年 11 月

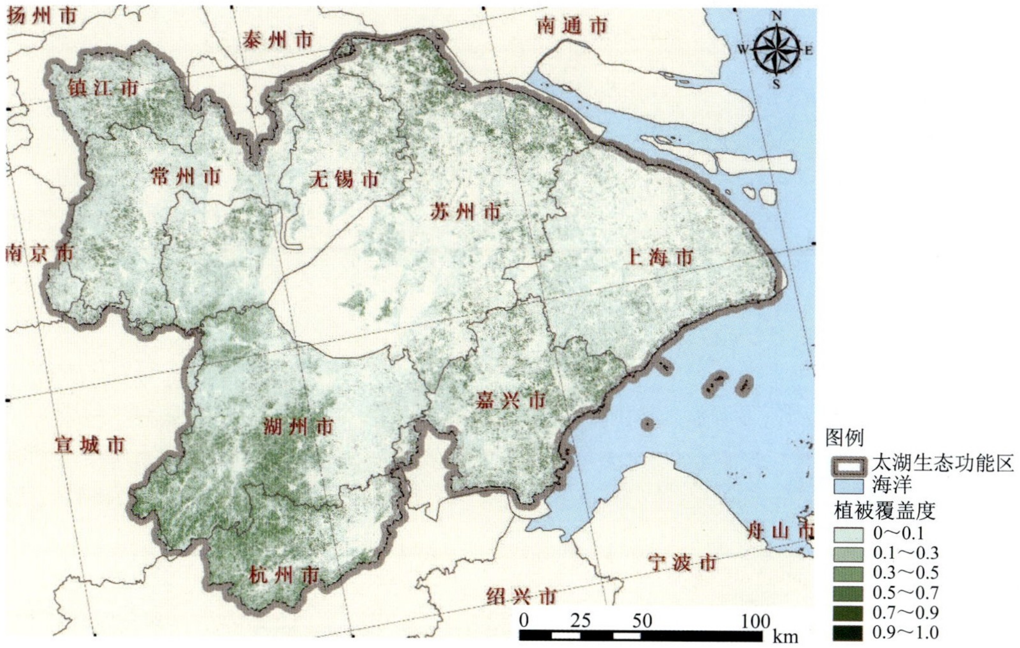

（f）2020 年 3 月

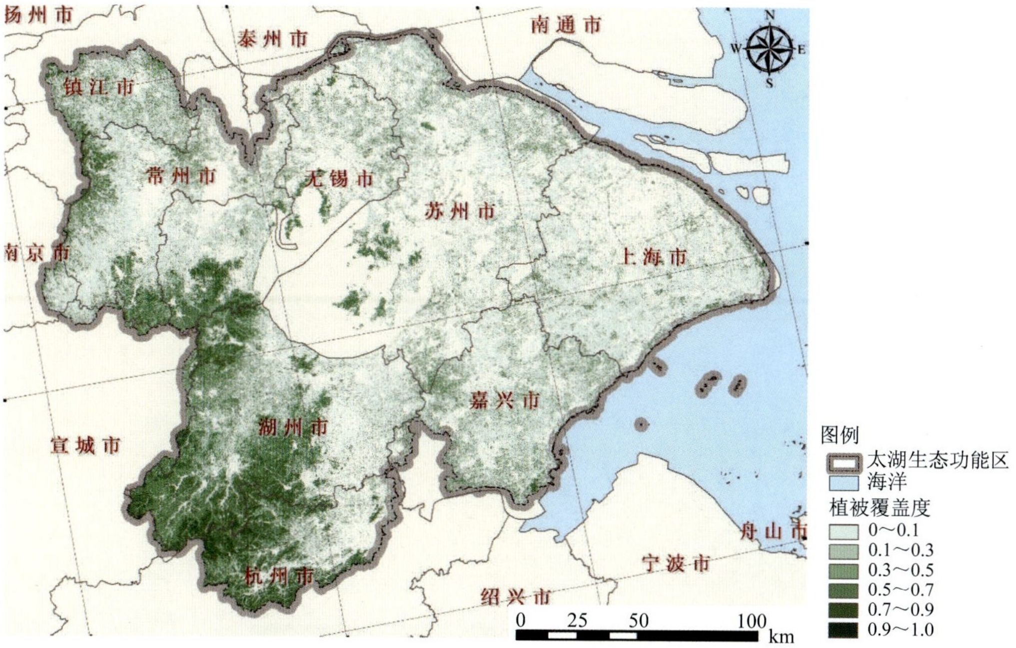

（g）2020 年 5 月

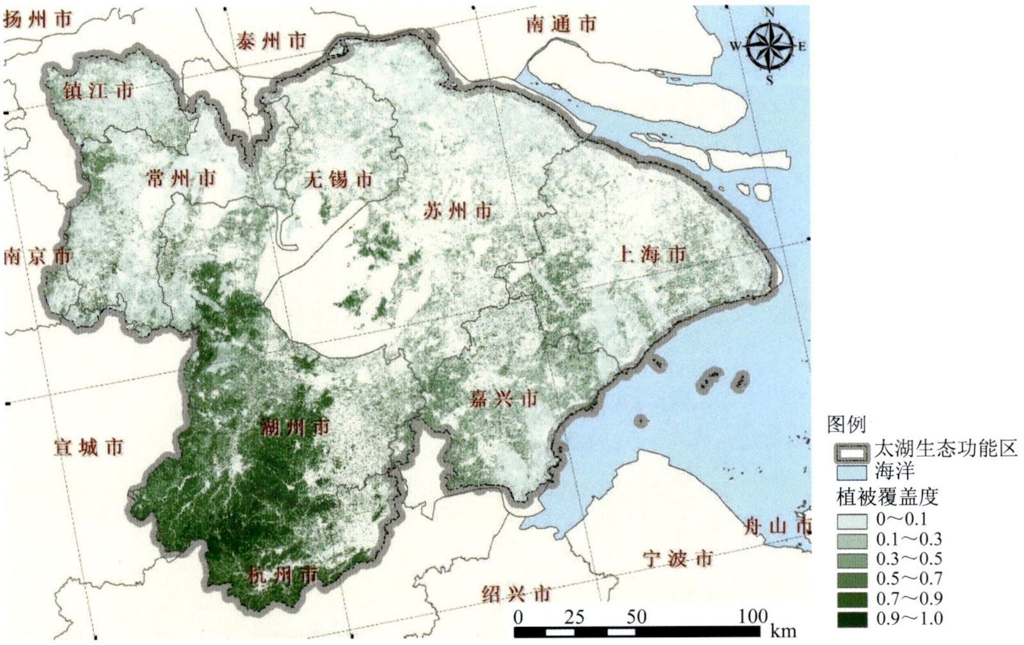

（h）2020 年 7 月

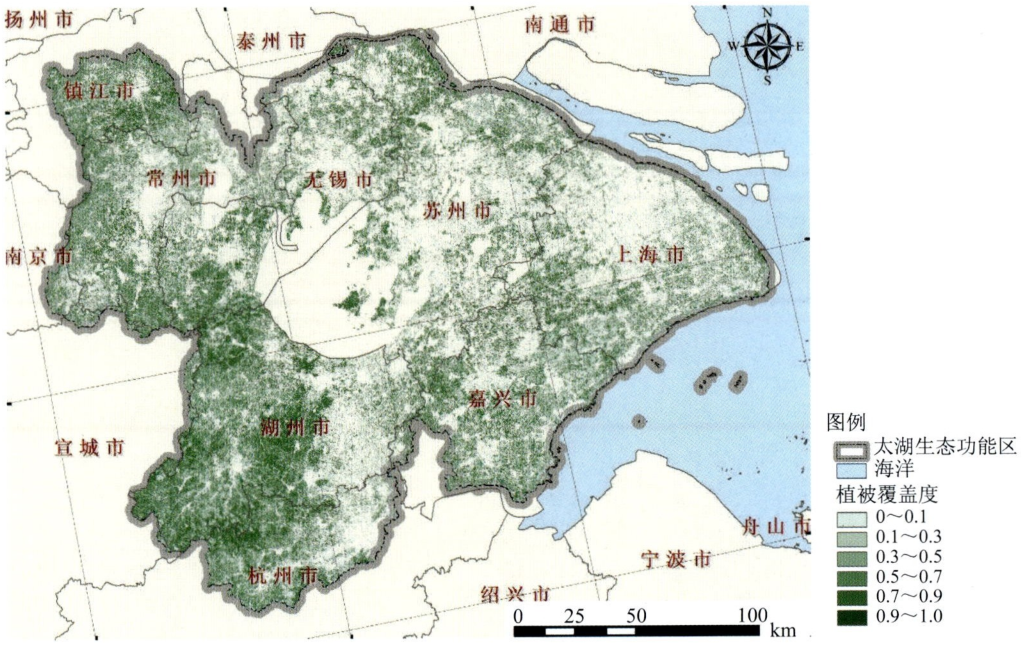

（i）2020 年 9 月

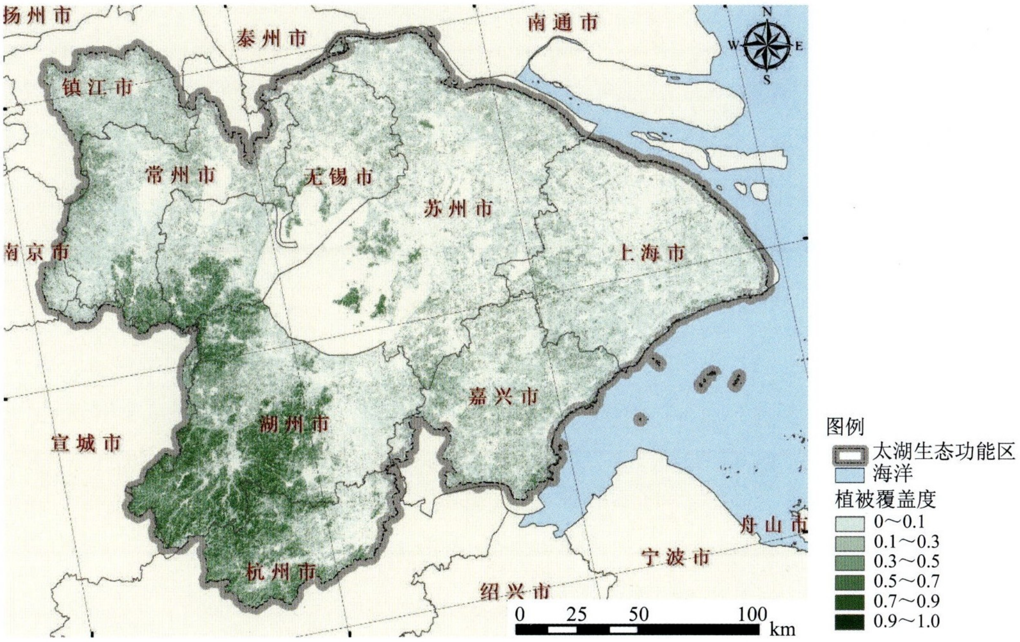

（j）2020 年 11 月

4.4 小结

城镇生态资源高分遥感与地面观测协同监测通过高分辨率遥感数据与地面观测数据的协同方法，研究城镇森林、绿地、土壤等生态资源要素的遥感反演算法，并在此基础上通过优化地表温度产品空间降尺度方法应用中的关键技术，建立了结合热红外与微波遥感数据反演地表温度的融合模型，实现了精度优于 1 K 的城市地表温度遥感监测；通过建立城镇典型地物类型样本库，研究基于高分辨率遥感影像纹理、光谱等特征的城镇园林绿地边界的智能识别和分类技术，实现了城镇园林绿化遥感监测与量化评估；通过构建潜在污染场地污染风险遥感监测指标体系，开展了基于地物光谱和土壤介电特征的裸露土壤污染遥感与地面监测协同模型，实现了潜在污染场地裸露土壤污染遥感精度优于 80%的监测技术；基于多源多种分辨率卫星影像，开展了针对城镇森林类型的遥感监测技术研究，并结合无人机和地面调查数据，开展了基于高光谱影像的城镇森林净初级生产力（NPP）遥感反演研究，实现了城镇森林资源覆盖面积遥感监测精度优于 85%；通过时间序列 S-G 滤波优化植被指数、像元二分法优化植被覆盖度，实现了关键生态参数本地化，构建了基于遥感数据与地面观测相结合的高精度重点生态功能区服务功能评估模型。

5

城乡生态环境综合监测空间信息服务平台

5.1 系统组成

系统功能结构

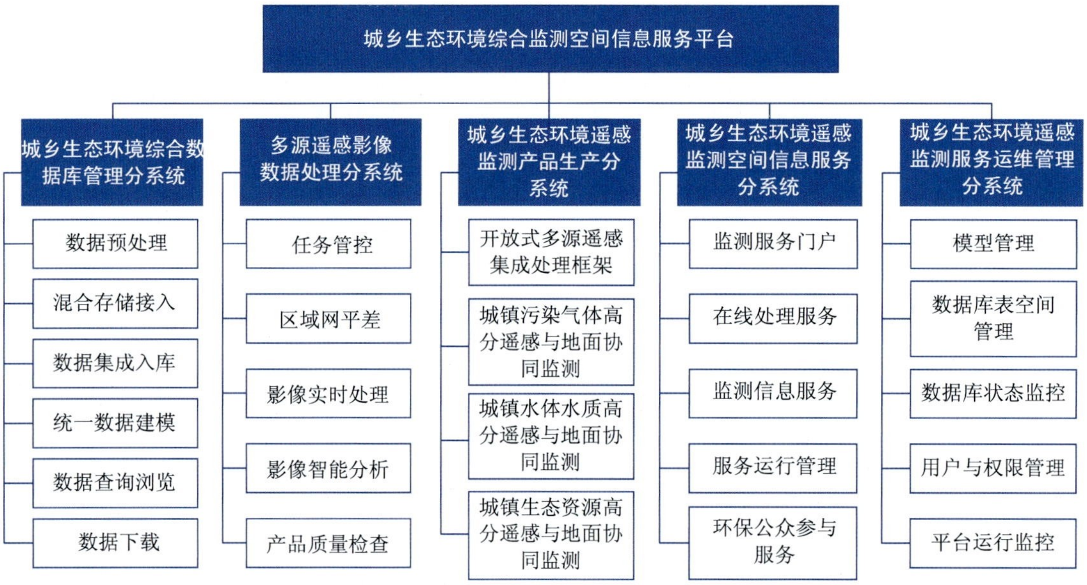

数据库建设方案

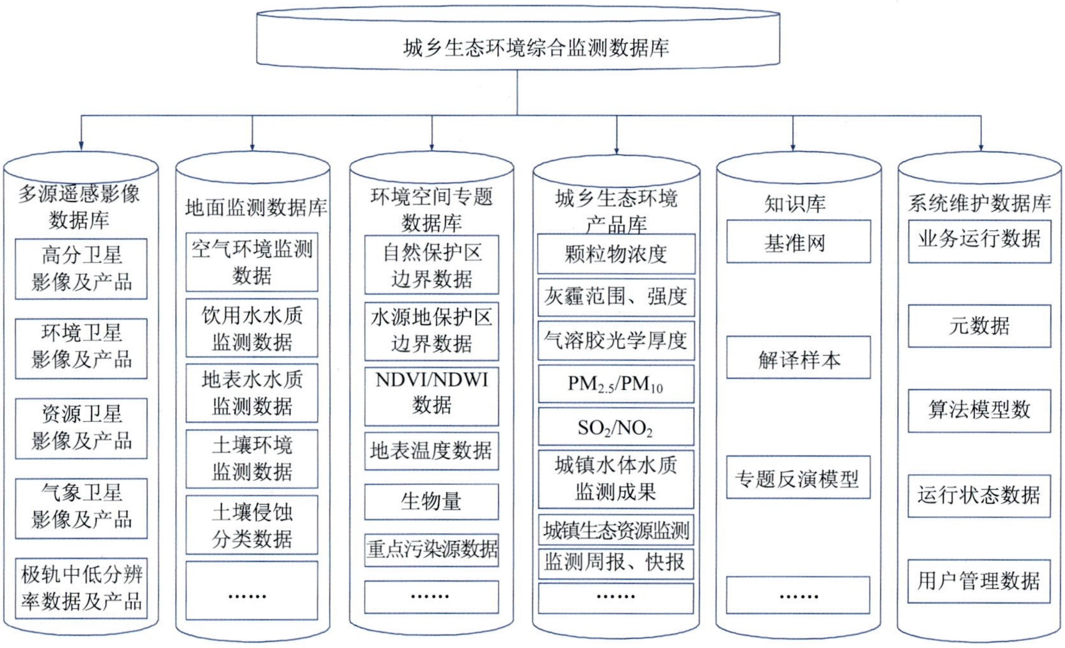

5.2 业务流程

货架产品服务业务流程

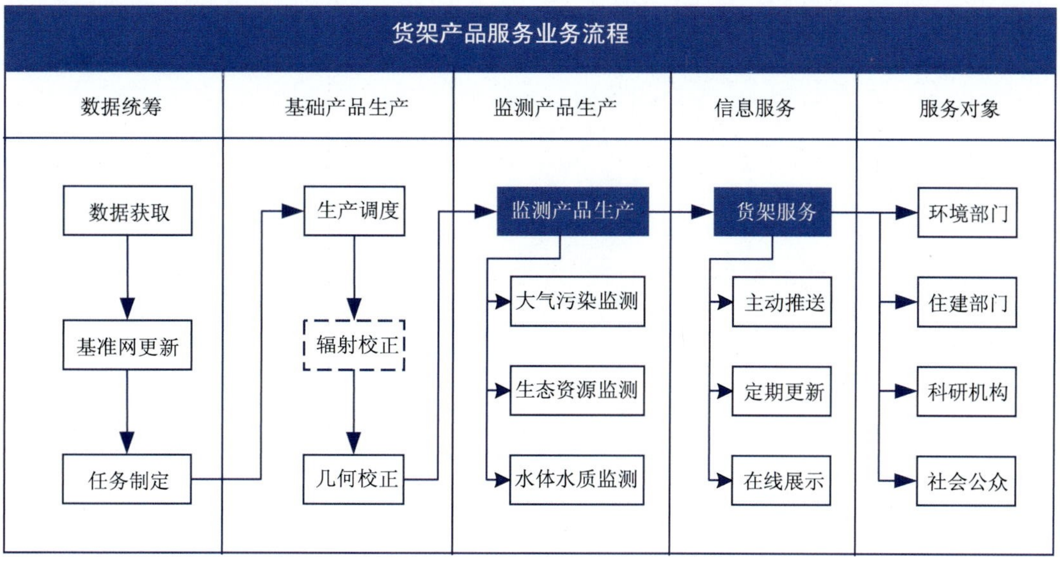

监测定制服务业务流程

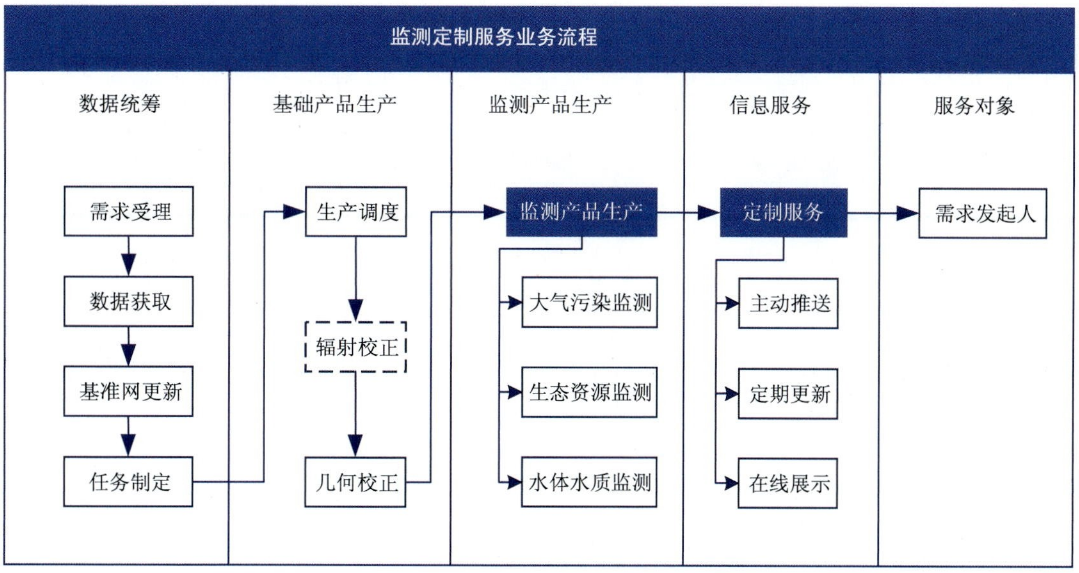

5.3 产品体系框架

城乡生态环境综合监测专题产品

- **污染气体监测产品**
  - 气溶胶光学厚度
  - $PM_{2.5}$ 浓度
  - PM_{10} 浓度
  - 灰霾强度
  - 灰霾范围
  - NO_2 垂直柱浓度
  - 近地面 NO_2 浓度
  - SO_2 垂直柱浓度
  - HCHO 垂直柱浓度
  - 对流层 O_3 柱浓度
- **水体水质监测产品**
  - 城镇黑臭水体斜率指数空间分布
  - 城镇归一化黑臭水体指数空间分布
  - 水体叶绿素 a 浓度
  - 水体悬浮物浓度
  - 水体透明度
  - 水体化学需氧量
  - 水体总磷浓度
  - 饮用水水源地水域空间分布
  - 饮用水水源地风险源空间分布
  - 饮用水水源地风险源变化检测
- **生态资源监测产品**
  - 城市地表温度
  - 城市热岛效应
  - 城镇绿地信息
  - 城镇公园服务水平
  - 城镇森林资源类型
  - 城镇森林资源 NPP
  - 裸露土壤污染
  - 土壤污染敏感受体空间敏感性指数
  - 重点生态功能区水源涵养
  - 重点生态功能区水土保持
  - 重点生态功能区植被覆盖度
  - 重点生态功能区水体面积

5.4 分系统界面

城乡生态环境综合数据库管理分系统

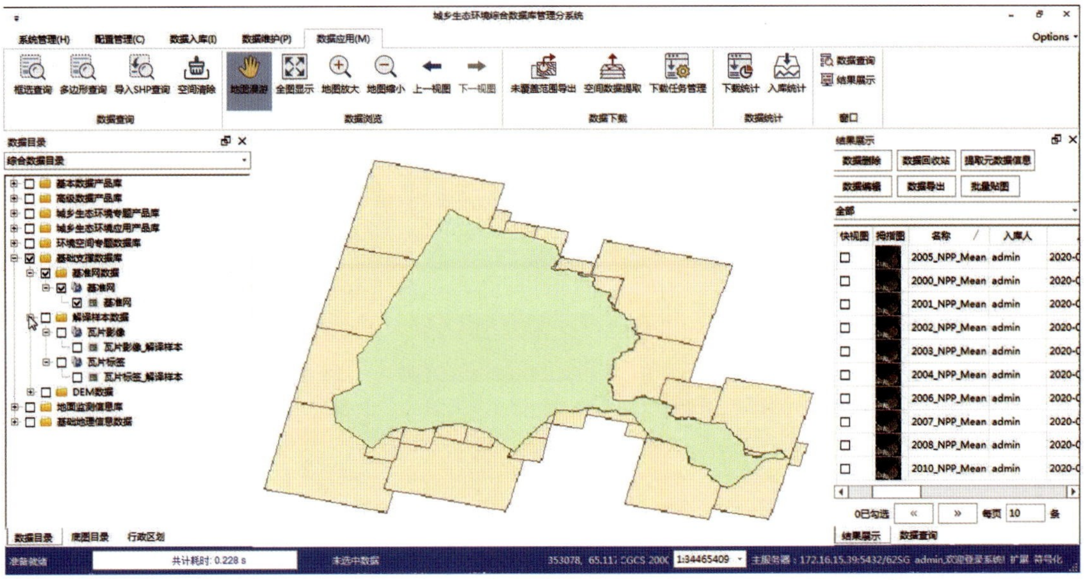

多源遥感影像数据处理分系统

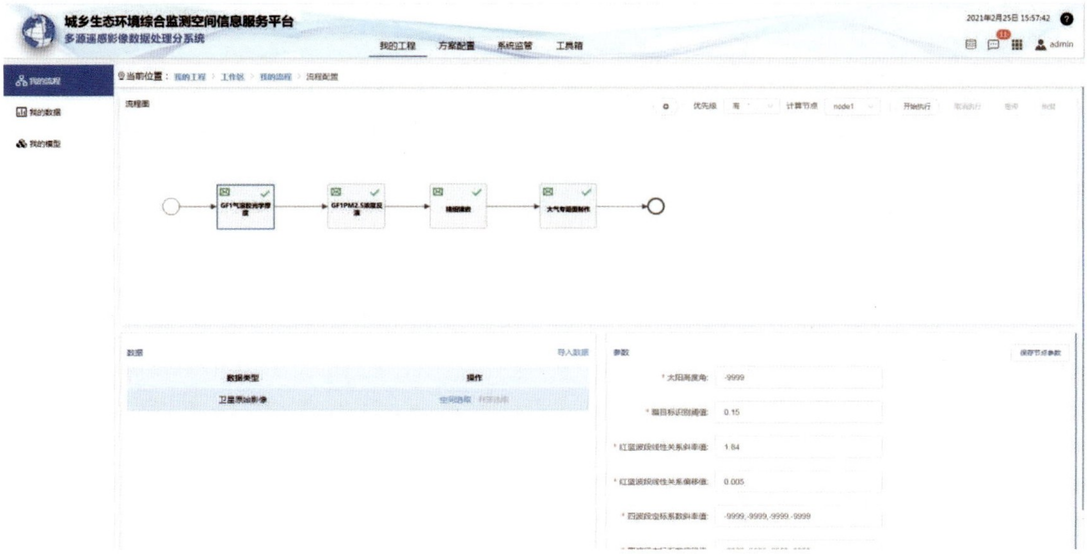

城乡生态环境遥感监测空间信息服务分系统

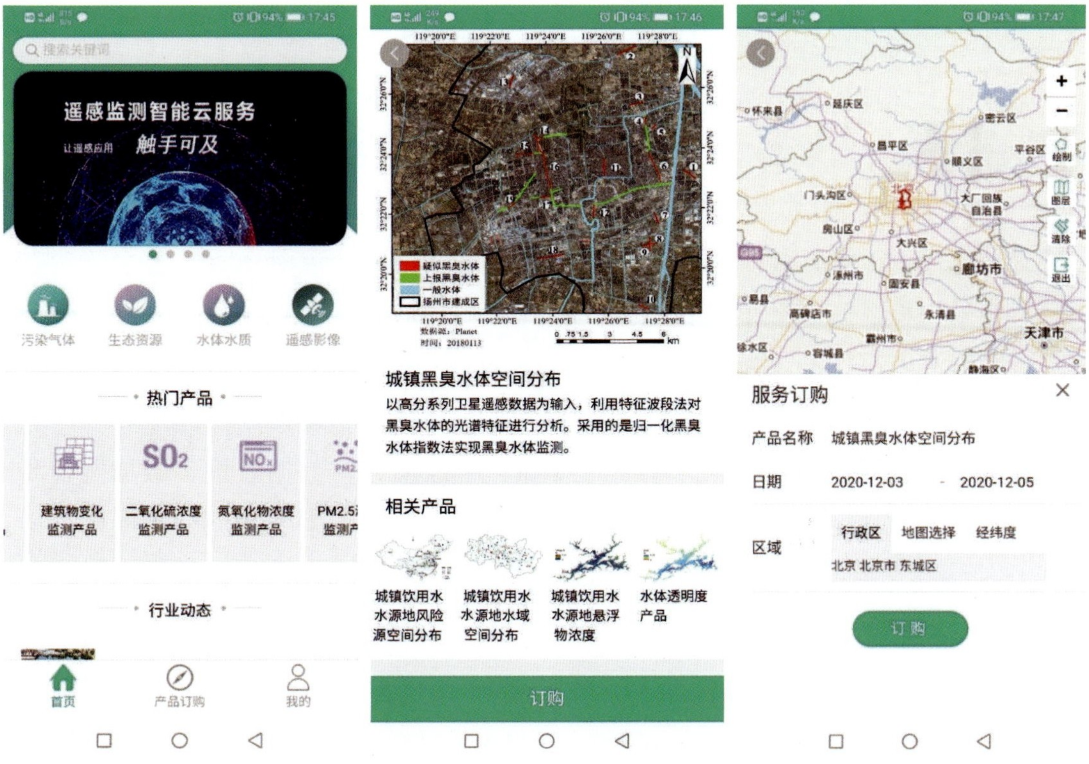

城乡生态环境遥感监测服务运维管理分系统

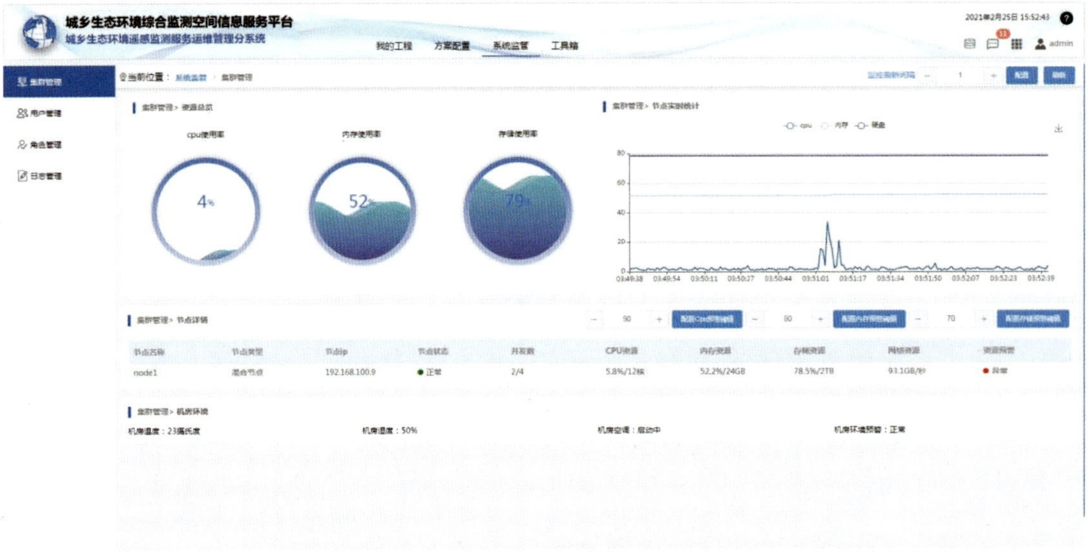

5.5　小结

城乡生态环境综合监测空间信息服务平台基于云计算技术、虚拟化技术构建基础设施云服务，利用虚拟化计算资源、插件技术、工作流技术、集群处理技术、OA协同技术以及空间数据库技术进行系统平台建设，最终为政府部门、科研机构、企事业单位提供了多样化不同模式下的城乡生态环境综合监测服务。整个平台在功能上划分为城乡生态环境综合数据库管理、多源遥感影像数据处理、城乡生态环境遥感监测产品生产、城乡生态环境遥感监测空间信息服务、城乡生态环境遥感监测服务运维管理五个分系统，主要实现了大规模遥感影像的快速生产与产品质量检查，多源异构数据的入库、统一存储、统一编目、数据查询、数据浏览和数据提取，并通过定义统一接口对监测产品进行定义，并为生产流程建模，以插件-工作流运行机制集成污染气体、水体水质、生态资源动态监测的业务模型，最终通过电子地图服务、目录服务、GIS功能服务在线发布各类城乡生态环境监测信息及专题、应用产品。